Ralf Ertl (Hrsg.) • Martin Egenhofer • Michael Hergenröder • Thomas Strunck

Optische Mängel im Bild

Optische Mängel im Bild

erkennen – bewerten – vermeiden

2., aktualisierte und erweiterte Auflage

mit 327 Abbildungen

Dipl.-Ing. Univ. Ralf Ertl (Hrsg.)
Beratender Ingenieur, von der Industrie- und Handelskammer für München und Oberbayern öffentlich bestellter und vereidigter Sachverständiger für Schäden an Gebäuden

Dipl.-Ing. Univ. Martin Egenhofer
Beratender Ingenieur, von der Industrie- und Handelskammer für Niederbayern in Passau öffentlich bestellter und vereidigter Sachverständiger für Schäden an Gebäuden

Dr.-Ing. Michael Hergenröder
Beratender Ingenieur, von der Industrie- und Handelskammer Nürnberg für Mittelfranken öffentlich bestellter und vereidigter Sachverständiger für Schäden an Gebäuden, Mediator

Dipl.-Ing. Thomas Strunck
von der Industrie- und Handelskammer Ostwestfalen zu Bielefeld öffentlich bestellter und vereidigter Sachverständiger für Schäden an Gebäuden

RM Rudolf Müller

Bibliografische Information der Deutschen Nationalbibliothek
Die Deutsche Nationalbibliothek verzeichnet diese Publikation in der Deutschen Nationalbibliografie; detaillierte bibliografische Daten sind im Internet über https://dnb.de abrufbar.

2., aktualisierte und erweiterte Auflage 2022

Maßgebend für das Anwenden von Normen ist deren Fassung mit dem neuesten Ausgabedatum, die bei der Beuth Verlag GmbH, Burggrafenstraße 6, 10787 Berlin, erhältlich ist. Maßgebend für das Anwenden von Regelwerken, Richtlinien, Merkblättern, Hinweisen, Verordnungen usw. ist deren Fassung mit dem neuesten Ausgabedatum, die bei der jeweiligen herausgebenden Institution erhältlich ist. Zitate aus Normen, Merkblättern usw. wurden, unabhängig von ihrem Ausgabedatum, in neuer deutscher Rechtschreibung abgedruckt.

Aus Gründen der besseren Lesbarkeit wird bei Personenbezeichnungen und personenbezogenen Hauptwörtern die männliche Form verwendet. Entsprechende Begriffe gelten im Sinne der Gleichbehandlung grundsätzlich für alle Geschlechter. Die verkürzte Sprachform hat nur redaktionelle Gründe und beinhaltet keine Wertung.

Das vorliegende Werk wurde mit größter Sorgfalt erstellt. Verlag und Autoren können dennoch für die inhaltliche und technische Fehlerfreiheit, Aktualität und Vollständigkeit des Werkes keine Haftung übernehmen.

Wir freuen uns, Ihre Meinung über dieses Fachbuch zu erfahren. Bitte teilen Sie uns Ihre Anregungen, Hinweise oder Fragen per E-Mail: fachmedien.bau@rudolf-mueller.de oder Telefax: 0221 5497-6141 mit.

Lektorat: Jan Stüwe, Köln
Umschlaggestaltung: Satz + Layout Werkstatt Kluth GmbH, Erftstadt
Satz: Hackethal Producing, Bonn
Druck und Bindearbeiten: Westermann Druck Zwickau GmbH, Zwickau
Printed in Germany

ISBN 978-3-481-04370-4

FSC
www.fsc.org
MIX
Papier aus verantwortungsvollen Quellen
FSC® C110508

Vorwort zur zweiten Auflage

Über optische Mängel wird erfahrungsgemäß häufig und manchmal auch heftig gestritten. Dabei geht es fast immer um die Frage, ob die aus einer Abweichung resultierende optische Beeinträchtigung durch Nachbesserung oder Neuherstellung beseitigt werden muss, ggf. durch eine Minderung ersetzt werden könnte oder ob eine Nacherfüllung vom Auftragnehmer wegen Geringfügigkeit abgelehnt werden kann.

Diese Frage kann nur einzelfallbezogen geklärt werden. Das vorliegende Buch kann und soll kein Patentrezept zur Beantwortung sein. Wohl aber können die dargestellten Fallbeispiele und die hierzu von den Autoren gegebenen Hinweise zur Konfliktvermeidung bzw. -lösung beitragen, denn sie eröffnen dem Leser die Möglichkeit, für „seinen" ähnlich gelagerten Einzelfall eine erste Beurteilung zur wichtigen Frage der Hinnehmbarkeit des optischen Mangels vorzunehmen. Die Abgrenzung erfolgt mit einer Gegenüberstellung von Abweichungen in vergleichbaren Situationen, die je nach Ausprägung noch zu akzeptieren bzw. nicht mehr zu akzeptieren sind.

Das Buch „Optische Mängel im Bild" entstand aus der Zusammenarbeit der 4 Autoren innerhalb der svbau-Kooperation öffentlich bestellter und vereidigter Sachverständiger für Schäden an Gebäuden. Das Buch basiert auf der langjährigen Erfahrung in der Beurteilung optischer Mängel im Rahmen ihrer privat- und gerichtsgutachterlichen Tätigkeit.

Das Werk richtet sich an Baufachleute sowie auch an Bauherren, Investoren, Immobiliengesellschaften, Hausverwaltungen, Juristen usw., die mit optischen Mängeln konfrontiert werden.

Mit der vorliegenden zweiten Auflage wird das Buch um zusätzliche 21 Fallbeispiele erweitert. Die Einführung zur Vorgehensweise und die grafische Darstellung der Beurteilungsmatrix wurden überarbeitet und ergänzt. In der Matrix ist der Begriff der Störwirkung hinzugekommen.

Das vorliegende Buch möge weiterhin einen Beitrag leisten zur – insbesondere außergerichtlichen – Streitbeilegung bei Auseinandersetzungen über optische Mängel.

München, im Februar 2022 — Die Autoren

Inhalt

Einführung 11

1 Oberflächen außen – Fassade und Dach 25

Mauerarbeiten

1.1 Verblendmauerwerk mit Farbunterschieden in den Fugen 26
1.2 Verblendmauerwerk mit Unregelmäßigkeiten im Fugenbild 28
1.3 Verblendmauerwerk mit Abplatzungen 30
1.4 Verblendmauerwerk mit Farbdifferenzen 32
1.5 Verblendmauerwerk mit Farbabweichungen 34
1.6 Verblendmauerwerk mit Mörtelverschmutzungen und Ausblühungen 36
1.7 Keramische Riemchenbekleidung mit Unregelmäßigkeiten 38

Zimmerarbeiten

1.8 Holzbauteile mit Verschmutzungen durch Putzreste 40
1.9 Holzbauteile mit Rissen 42

Putzarbeiten

1.10 Außenputz mit Ablaufspuren (1) 44
1.11 Außenputz mit Ablaufspuren (2) 46
1.12 Außenputz mit Strukturabweichungen (1) 48
1.13 Außenputz mit Strukturabweichungen (2) 50
1.14 Außenputz mit Strukturabweichungen (3) 52
1.15 Außenputz mit Strukturabweichungen (4) 54
1.16 Außenputz mit Strukturabweichungen (Gerüstlagen) 56
1.17 Außenputz (WDVS) mit Struktur- und Ebenheitsabweichungen 58
1.18 Außenputz mit nachbesserungsbedingten Strukturabweichungen (1) 60
1.19 Außenputz mit nachbesserungsbedingten Strukturabweichungen (2) 62
1.20 Außenputz mit Unebenheiten im Streiflicht 64
1.21 Außenputz mit sichtbaren Übergängen 66
1.22 Außenputz mit Befestigungsstellen für Gerüstanker 68
1.23 Außenputz mit Rissen beim Anschluss an Balkonplatten 70
1.24 Außenputz mit Rissen beim Anschluss an Holzbauteile 72
1.25 Außenputz mit Rissen beim Putzanschluss an das Fenster 74
1.26 Außenputz mit Unregelmäßigkeiten beim Anschluss an Holzbauteile 76
1.27 Außenputz mit Fehlstellen an Rohrdurchführungen 78
1.28 Sockelputz mit sichtbaren Bearbeitungsspuren 80
1.29 Sockelputz mit sichtbaren Übergängen bei Instandsetzung 82

Metallarbeiten
1.30 Metall-Fassadenbekleidung mit Verformungen 84

Betoninstandsetzungsarbeiten
1.31 Gespachtelte Betonbauteile mit Unebenheiten (1) 86
1.32 Gespachtelte Betonbauteile mit Unebenheiten (2) 88
1.33 Gespachtelte Betonbauteile mit unregelmäßiger Kantenausbildung 90
1.34 Gespachtelte Betonbauteile mit Unregelmäßigkeiten......... 92

2 Oberflächen innen – Wand und Decke 95

Mauerarbeiten
2.1 Sichtmauerwerk mit Höhenversätzen benachbarter Steine 96
2.2 Sichtmauerwerk mit Kantenabplatzungen 98

Zimmerarbeiten
2.3 Holzbauteile mit Verfärbungen infolge von Wassereinwirkung (1) 100
2.4 Holzbauteile mit Verfärbungen infolge von Wassereinwirkung (2) 104
2.5 Holzbauteile mit Verfärbungen infolge von Wassereinwirkung (3) 106

Putzarbeiten
2.6 Bekleidungen aus Dämmplatten mit Farbtonunterschieden ... 108
2.7 Innenputz mit Unregelmäßigkeiten in der Oberfläche 112
2.8 Innenputz mit Unregelmäßigkeiten im Streiflicht 114
2.9 Innenputz mit sichtbaren Übergängen an Treppenlaufuntersichten................................. 116

Fliesenarbeiten
2.10 Fliesenbekleidung mit zu großen Ausschnitten oder Abplatzungen 118
2.11 Fliesenbekleidung mit nicht ausgerichtetem Fugenbild....... 120
2.12 Fliesenbekleidung mit Höhenversätzen 122

Metallarbeiten
2.13 Füllstabgeländer mit Winkelabweichungen................. 124

Trockenbauarbeiten
2.14 Trockenbauwände aus Gipsbauplatten mit Farb- und Strukturabweichungen 126
2.15 Trockenbauwände mit Schattenfuge beim Deckenanschluss .. 128

3 **Fenster und Türen** ... 131

Fenster und Türen

3.1 Eingangstür mit Beschädigungen am Einbohrband ... 132
3.2 Holzfenster mit sichtbar verschraubter Glashalteleiste ... 134
3.3 Holzfenster mit Ausnehmungen ... 136
3.4 Schwellenprofil einer Hebeschiebetür mit Rostflecken ... 138
3.5 Schwellenprofile und Metallfensterbänke mit Kratzspuren ... 140

Tischlerarbeiten

3.6 Holzbauteile mit Ausdübelungen ... 142
3.7 Holzleiste mit offenem Gehrungsstoß ... 144
3.8 Holzzarge mit offener Fuge am Eckstoß ... 146
3.9 Innentürzarge mit Fuge am Bodenanschluss ... 148

Verglasungsarbeiten

3.10 Verglasungen mit Kratzern ... 150

4 **Bodenflächen außen** ... 153

Naturwerksteinarbeiten

4.1 Naturwerksteinbelag mit rostbraunen Verfärbungen ... 154
4.2 Natursteinpflaster mit unterschiedlichen Fugenbreiten ... 156

Betonwerksteinarbeiten

4.3 Werksteinbelag mit uneinheitlichen Fugenbreiten (1) ... 158
4.4 Werksteinbelag mit uneinheitlichen Fugenbreiten (2) ... 160
4.5 Betonsteinpflasterbeläge mit Farbabweichungen ... 162

5 **Bodenflächen innen** ... 165

Naturwerksteinarbeiten

5.1 Naturwerksteinbelag mit Einschlüssen ... 166
5.2 Naturwerksteinbelag mit Farbdifferenzen (1) ... 170
5.3 Naturwerksteinbelag mit Farbdifferenzen (2) ... 172
5.4 Naturwerksteinbelag mit Kantenabplatzungen ... 176

Fliesenarbeiten

5.5 Fliesenbelag mit Höhenversätzen ... 178
5.6 Fliesenbelag/-bekleidung mit Kantenausbrüchen ... 180
5.7 Fliesenbelag mit Kantenabplatzungen ... 182

Parkettarbeiten

5.8 Parkettdielen mit Ausbesserungen ... 184
5.9 Parkettelemente mit klaffenden Längsfugen ... 186
5.10 Mosaikparkett mit klaffenden Stoßfugen ... 188
5.11 Parkettanschluss an Türschwelle mit schief zulaufender Fuge . 190

5.12 Parkettanschluss an Türzarge mit ungleichmäßiger Fuge 192
5.13 Parkettanschluss an Einbauteile mit ungleichmäßiger Fuge ... 194
5.14 Sockelleiste mit klaffender Bodenanschlussfuge 196
5.15 Sockelleiste mit klaffender Fuge am Gehrungsstoß 198
5.16 Parkettversiegelung mit Einschluss oder Fehlstelle 200

Beschichtungsarbeiten
5.17 Bodenbeschichtung mit fleckiger Oberfläche 202

6 Bauteile aus Sichtbeton 205

Betonarbeiten
6.1 Sichtbetonbauteile mit herstellungsbedingten Abweichungen . 206
6.2 Sichtbeton mit Farbabweichung bei einer Innentreppe 210
6.3 Sichtbeton mit Farb- und Strukturabweichungen bei einer Außentreppe 212
6.4 Sichtbeton mit Farbtondifferenzen 214
6.5 Sichtbeton mit unsauberen Schalungsstößen 216
6.6 Sichtbeton mit ungeordneten Schalungsstößen 218
6.7 Sichtbeton mit Verdichtungsfehlern 220
6.8 Balkonuntersichten mit Verfärbungen 222
6.9 Stahlbetonstützen mit welliger Oberfläche 224

7 Normen- und Literaturverzeichnis 227

8 Stichwortverzeichnis 229

Einführung

Bei Bauarbeiten an Gebäuden kommt es häufig zu Diskussionen und Auseinandersetzungen über Unregelmäßigkeiten. Dabei stellt sich die Frage, ob eine ausgeführte Bauleistung in optischer Hinsicht als mangelhaft zu bewerten ist oder ob die aufgetretenen Unregelmäßigkeiten so unbedeutend sind, dass sie vom Auftraggeber zu akzeptieren sind. Die Position der Beteiligten ist dabei meist von subjektiven Aspekten geprägt. Die Erfahrung zeigt, dass die Wahrnehmung einer Unregelmäßigkeit sehr unterschiedlich sein kann.

So besteht bei Auftraggebern häufig eine Erwartungshaltung, die sich an einem Standard orientiert, wie er bei der industriellen Produktion von Gebrauchsgütern wie z. B. Kraftfahrzeugen zugrunde gelegt werden kann. Demgegenüber wird vonseiten der Ausführenden eingewendet, dass es sich um eine handwerkliche Leistung handle, die auch bei großer angewendeter Sorgfalt zwangsläufig nur mit unvermeidlichen Unregelmäßigkeiten erbracht werden könne.

Beispielhaft für derartige Auseinandersetzungen sind Diskussionen um die Ausführung von Putzoberflächen zu nennen. Eine uneingeschränkte Gleichmäßigkeit kann hier nur dann erreicht werden, wenn aufwendige und über das Übliche hinausgehende Herstellungsverfahren angewendet werden, wie z. B. wiederholtes Schleifen und Spachteln.

Anwendungsgrenzen

Im vorliegenden Buch werden ausschließlich optische Mängel behandelt. Es wird vorausgesetzt, dass die zu beurteilende Bauleistung keine funktionellen Beeinträchtigungen aufweist.

Wenn die Gebrauchstauglichkeit eines Bauwerks oder Bauteils durch eine festgestellte Abweichung vom Sollwert nicht nur unwesentlich beeinträchtigt ist, so wird man im Standardfall einen funktionellen Mangel unabhängig von dem damit verbundenen Aufwand vollständig beseitigen. Die Akzeptanz von Nutzungseinschränkungen als Voraussetzung für eine Minderwertdiskussion ist auf Ausnahmefälle beschränkt. Auf diese Fälle soll hier nicht weiter eingegangen werden, da auch sie nicht Gegenstand der folgenden Darstellungen sind.

Grundlagen bei der Beurteilung optischer Mängel

Voraussetzung für die Beurteilung eines optischen Mangels ist, dass die von der Abweichung betroffene Oberfläche aus einer üblichen Betrachterposition und unter der im Gebrauchszustand vorherrschenden Belichtungssituation in Augenschein genommen wird.

Die Betrachterposition wird bestimmt durch die Entfernung sowie den Winkel zu der betrachteten Bauteiloberfläche. Diese Position muss sich am üblichen Gebrauch orientieren. Verläuft vor einer zu beurteilenden Fassadenfläche beispielsweise ein Gehweg, so ergibt sich eine andere Betrachterposition als bei Zuwegungen, die infolge von Einbauten oder Grünanlagen in größerem Abstand zum Gebäude liegen.

Fassaden werden in ihrer Gesamtheit im Standardfall vom Gelände aus betrachtet, Teilflächen ggf. zusätzlich von Balkonen, Laubengängen, Dachterrassen usw. Von einem Gerüst oder einer Arbeitsbühne aus sind Fassaden hingegen nicht zu beurteilen, weil dies nicht dem Gebrauchszustand entsprechen würde.

Für die Belichtungsverhältnisse muss ebenfalls von den im Gebrauch zu erwartenden Gegebenheiten ausgegangen werden. So wäre es nicht richtig, wenn für die Beurteilung einer Innenoberfläche durch künstliche Beleuchtung Streiflicht erzeugt würde, das im Gebrauch nicht zu erwarten wäre. Anders ist die Situation, wenn z. B. durch die Anordnung von Fenstern oder Einbauleuchten die Oberflächen planmäßig im Streiflicht erscheinen. Dann sind bereits bei der Planung erhöhte Qualitätsanforderungen an die Oberflächen zu definieren.

Ein wesentliches Kriterium bei der Beurteilung von Bauteiloberflächen ist der Grad der optischen Beeinträchtigung. Als Beurteilungsmaßstab werden Kategorien verwendet, die sich an der Sichtbarkeit orientieren (z. B. kaum erkennbar, sichtbar, auffällig).

Ein weiterer wesentlicher Beurteilungsmaßstab ist die Bedeutung der Oberfläche für das optische Erscheinungsbild. So ist es nachvollziehbar, dass Bauteiloberflächen im Foyer eines repräsentativen Gebäudes eine größere (wichtigere) Bedeutung haben als in einem Lagerraum.

Bei der Beurteilung handwerklicher Leistungen ist zudem ein Ausführungsstandard zugrunde zu legen, der bei üblicher Sorgfalt erreicht werden kann. Die Qualität einer Oberfläche hängt dabei in den verschiedenen Gewerken von einer Vielzahl von Einflüssen ab. Es sind jeweils die Charakteristika des Herstellungsverfahrens in die Beurteilung einzubeziehen.

Methodik zur Beurteilung optischer Mängel

Die Herangehensweise bei der Beurteilung optischer Mängel wird im Ausschlussprinzip dargestellt. Es wird ein Vorgehen beschrieben, bei dem zunächst Aspekte behandelt werden, die der Bewertung einer Bauleistung in optischer Hinsicht voranzustellen sind.

Grundsatz 1: Eine optische Unregelmäßigkeit ist immer dann zu beseitigen, wenn dies mit einfachen Maßnahmen und geringen Kosten möglich ist. Ein Beispiel hierfür sind Farbverschmutzungen, die beim Anstrich von Bauteiloberflächen an anschließenden Bauteilen entstehen, weil diese nicht oder unzureichend geschützt wurden.

Grundsatz 2: Es wird davon ausgegangen, dass keine besonderen vertraglichen Vereinbarungen in Bezug auf die Gestaltung des optischen Erscheinungsbildes zwischen den Beteiligten getroffen wurden. Bestehen aber derartige Vereinbarungen, so sind sie die Basis für die Beurteilung der Bauleistung unter Einbeziehung der oben dargestellten Grundlagen (Betrachterposition, Belichtungsverhältnisse usw.).

Grundsatz 3: Es ist zu prüfen, ob eine Bagatelle vorliegt.

Eine solche Bagatelle liegt vor, wenn das optische Erscheinungsbild aus der üblichen Betrachterposition nicht oder nur unerheblich beeinträchtigt ist. Dies kann z. B. dann gegeben sein, wenn sich Rissbildungen an Oberflächen in sehr geringer Breite lediglich im bodennahen Bereich abzeichnen, d. h. außerhalb des Blickfelds des Betrachters.

Weiterhin muss die Bedeutung des Bereichs berücksichtigt werden, in dem die Beeinträchtigung vorliegt.

In einem untergeordneten Raum wäre das Gewicht des Erscheinungsbildes der zu untersuchenden Oberfläche als unwichtig einzustufen, sodass im Einzelfall auch deutlich sichtbare Unregelmäßigkeiten akzeptiert werden müssten. Dies kann z. B. im Heizungsraum eines Mehrfamilienwohngebäudes in der Untersicht der mit Filigranplatten hergestellten Decke in Form von deutlichen Höhenversätzen gegeben sein.

Eine Bagatelle kann andererseits auch bestehen, wenn das Gewicht des Erscheinungsbildes als wichtig oder sogar sehr wichtig einzustufen ist. Die Beeinträchtigung darf dann in optischer Hinsicht aber nur sehr bzw. äußerst gering sein.

Im Übrigen kann eine Bagatelle nur dann vorliegen, wenn die Ausführung im Rahmen der üblichen handwerklichen Sorgfalt erfolgt ist.

Im rechtlichen Kontext werden die genannten Kriterien in der Mangeldefinition nach § 633 Abs. 2 BGB abgebildet, d. h., ein Werk ist dann frei von Sachmängeln, wenn es ohne besondere vertragliche Vereinbarungen eine Beschaffenheit aufweist, *„die bei Werken der gleichen Art üblich ist und die der Besteller nach Art des Werkes erwarten kann“*.

Weiterhin ergibt sich aus der Rechtsprechung, dass für den Besteller objektiv ein berechtigtes und nachvollziehbares, d. h. nicht nur ein unbedeutendes Interesse an der optisch einwandfreien Herstellung des Werkes besteht (OLG Düsseldorf, Urteil vom 04.11.2014 – I-21 U 23/14). Ein solches berechtigtes Interesse ist aus technischer Sicht nicht gegeben, wenn die oben genannten Kriterien erfüllt sind und demzufolge eine Bagatelle vorliegt.

Grundsatz 4: Wenn bei der Beurteilung im Einzelfall die Grundsätze 1 bis 3 nicht greifen, liegt ein optischer Mangel vor. Optische Mängel sind in aller Regel zu beseitigen. Eine Mangelbeseitigung kann im Extremfall auch in einer Neuherstellung der Bauleistung bestehen.

Eine Ausnahme von dieser Regel liegt dann vor, wenn der Grad der optischen Beeinträchtigung zwar erheblich, jedoch die Bedeutung für den Bereich, in dem die Beeinträchtigung vorliegt, als untergeordnet einzustufen ist.

Der Grad der noch akzeptablen optischen Beeinträchtigung ist dabei umso größer, je weniger bedeutend der zu beurteilende Bereich für das optische Erscheinungsbild zu bewerten ist. In Fällen mit einer noch akzeptablen optischen Beeinträchtigung kann eine Minderung gerechtfertigt sein, d. h., dass die Beeinträchtigung durch einen Minderwert abgegolten wird.

Der Grenzbereich zwischen Mangelbeseitigung und Minderung ist durch das Kriterium der Zumutbarkeit gekennzeichnet. Hier liegt regelmäßig eine Rechtsfrage vor.

Es ist festzustellen, ob die Mangelbeseitigung nach § 635 Abs. 3 BGB als unverhältnismäßig zum erzielbaren Erfolg gesehen werden muss. Im Gerichtsverfahren benötigt das Gericht in der Regel Feststellungen und Anknüpfungstatsachen, die in seinem Auftrag ein Sachverständiger vor Ort trifft, sofern das Gericht nicht im Rahmen des Verfahrens eine eigene Ortsbesichtigung vornimmt.

In der Sachverständigenpraxis ist bei einem Privatgutachten eine eigene begründete Beurteilung erforderlich; hierfür ist eine nachvollziehbare, sich möglichst an objektiven Kriterien orientierende Bewertung vorzunehmen.

Rainer Oswald und Ruth Abel haben sich mit dieser Thematik ausführlich beschäftigt (vgl. Oswald/Abel, 2005; Oswald, 2006) und eine Matrix zur Beurteilung optischer Mängel veröffentlicht (vgl. Abb. 0.1).

Das Verfahren beruht auf den Grundlagen der Nutzwertanalyse und hat sich in der praktischen Anwendung bewährt. Nach Oswald/Abel, 2005, sind optische Mängel, die keine Bagatelle darstellen, zu beseitigen. Davon auszunehmen sind Beeinträchtigungen, die entweder hinsichtlich des Beeinträchtigungsgrades kaum erkennbar bzw. hinsichtlich der Gewichtung des Erscheinungsbildes unwichtig sind. Diese Beeinträchtigungen werden als hinnehmbar bezeichnet und können bei einer vorliegenden Unverhältnismäßigkeit der Mangelbeseitigung mit einem Minderwert abgegolten werden. Oswald/Abel, 2005, haben hierzu auf Grundlage von Abb. 01 eine quantitative Bewertungsmatrix vorgeschlagen (vgl. Abb. 0.2).

Dieser Matrix ist zu entnehmen, dass eine Minderung nur dann diskutabel ist, wenn die Beeinträchtigung, d. h. die Abweichung vom Sollzustand, höchstens 15 % beträgt.

Oswald/Abel, 2005, schlagen weiter vor, die Klassifizierung hinsichtlich der Bedeutung des Merkmals und des Grades der Beeinträchtigung um eine

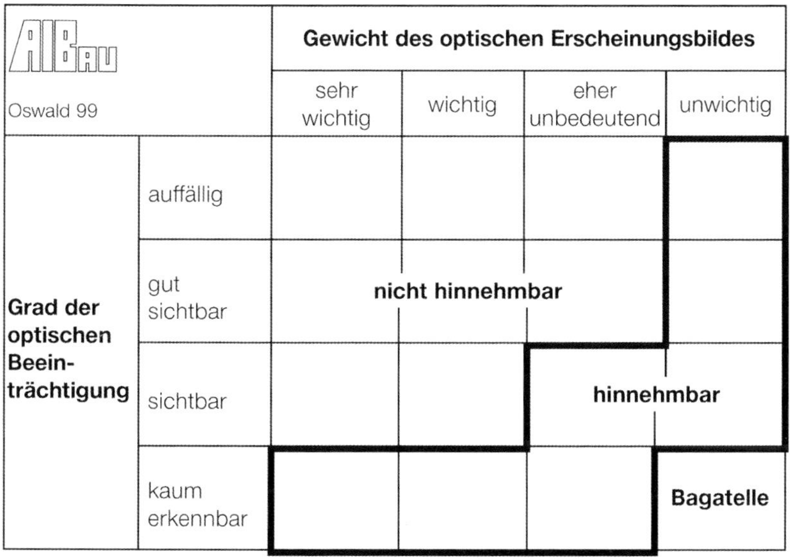

Abb. 0.1: Matrix zur Beurteilung der Hinnehmbarkeit optischer Mängel (Quelle: Oswald/Abel, 2005, Abb. 9, S. 20; Nachdruck mit Genehmigung von Springer Fachmedien Wiesbaden)

Matrix zur Bewertung von Mängeln			Bedeutung des Merkmals										
			sehr wichtig			wichtig			eher unbedeutend			unwichtig	
		Oswald 99	**100**	**90**	**80**	**70**	**60**	**50**	**40**	**30**	**20**	**10**	**5**
Grad der Beeinträchtigung durch den Mangel	sehr stark	**100**	**100**	**90**	**80**	**70**	**60**	**50**	**40**	**30**	**20**	**10**	**5**
		90	**90**	**81**	**72**	**63**	**54**	**45**	**36**	**27**	**18**	**9**	**4.5**
		80	**80**	**72**	**64**	**56**	**48**	**40**	**32**	**24**	**16**	**8**	**4**
	deutlich	**70**	**70**	**63**	**56**	**49**	**42**	**35**	**28**	**21**	**14**	**7**	**3.5**
		60	**60**	**54**	**48**	**42**	**36**	**30**	**24**	**18**	**12**	**6**	**3**
		50	**50**	**45**	**40**	**35**	**30**	**25**	**20**	**15**	**10**	**5**	**2.5**
	mäßig	**40**	**40**	**36**	**32**	**28**	**24**	**20**	**16**	**12**	**6**	**3**	**2**
		30	**30**	**27**	**24**	**21**	**18**	**15**	**12**	**9**	**6**	**3**	**1.5**
		20	**20**	**18**	**16**	**14**	**12**	**10**	**8**	**6**	**4**	**2**	**1**
	gering-fügig	**10**	↑ **10**	**9**	**8**	**7**	**6**	**5**	**4**	**3**	**2**	**1**	**0.5**
		5	**5**	**4.5**	**4**	**3.5**	**3**	**2.5**	**2**	**1.5**	**1**	**0.5**	**0.25**
Nacherfüllung i.d.R. erforderlich (über 15 %)			Minderung diskutabel (bis max. 15 %)						Bagatellen (unter 2 %)				

Abb. 0.2: Matrix zur Bewertung von Mängeln auf der Basis einer Prozentskala (Quelle: Oswald/Abel, 2005, Abb. 172, S. 133; Nachdruck mit Genehmigung von Springer Fachmedien Wiesbaden)

prozentuale Skalierung zu erweitern. Auf dieser Basis werden Beeinträchtigungen von 2 % bis höchstens 15 % als hinnehmbar bewertet. Der Grenzwert von 15 % soll dabei jedoch nicht schematisch angewandt, sondern die Bedingungen des Einzelfalls berücksichtigt werden.

Auf Grundlage der beiden Matrizes (Abb. 0.1 und Abb. 0.2) haben die Autoren des vorliegenden Buches zur Einordnung optischer Abweichungen eine farbige Grafik konzipiert; zur Klassifizierung optischer Mängel werden hier 3 Bereiche unterschieden (vgl. Abb. 0.3):

- Roter Bereich: Das Gewicht des optischen Erscheinungsbildes der zu untersuchenden Fläche ist als sehr wichtig, wichtig oder eher unbedeutend und der Grad der optischen Beeinträchtigung durch die Abweichung ist als auffällig, gut sichtbar oder zumindest sichtbar einzustufen. Es liegt somit eine nicht zu akzeptierende Abweichung vor. Eine Mangelbeseitigung ist erforderlich.
- Gelber Bereich: Im Übergangsbereich zur Bagatelle ist es in sämtlichen Feldern der Grafik – d. h. bei einem Gewicht des Erscheinungsbildes von sehr wichtig bis unwichtig und bei einem Grad der optischen Beeinträchtigung von auffällig bis kaum erkennbar – möglich, dass eine noch akzeptable Abweichung vorliegt. Auch in dieser Zone ist der optische Mangel grundsätzlich zu beseitigen. In begründeten Fällen kann jedoch statt einer Mangelbeseitigung eine Minderung auf Basis einer Minderwertermittlung in Betracht kommen. Dies kann z. B. bei einer vorliegenden Unverhältnismäßigkeit der Mangelbeseitigung der Fall sein, d. h., wenn der durch die Mangelbeseitigung erzielbare Erfolg in einem Missverhältnis zum erforderlichen Aufwand steht. Hier liegt jedoch auch eine Rechtsfrage vor.
- Grüner Bereich: In der unteren Zone der Grafik – d. h. in der Regel bei einem geringfügigen Grad der optischen Beeinträchtigung sowie bei einer Einstufung des Erscheinungsbildes als unwichtig auch bei einer sichtbaren Abweichung – liegt aufgrund der Geringfügigkeit der Abweichung eine Bagatelle vor.

Weiterhin in die Grafik eingetragen sind zur groben Quantifizierung prozentuale Grenzwerte in den einzelnen Kategorien.

Es ist darauf hinzuweisen, dass gegenüber Oswald/Abel, 2005, der Begriff der hinnehmbaren Unregelmäßigkeit durch den Begriff einer noch akzeptablen Abweichung ersetzt wird.

Gegenüber der Matrix von Oswald wird der Bereich der Bagatelle (grün) erweitert, weil nach Auffassung der Autoren eine geringfügige, kaum erkennbare Beeinträchtigung auch bei einem als wichtig oder sogar sehr wichtig eingestuften optischen Erscheinungsbild eine Bagatelle darstellen kann.

Weiter wurde der Bereich der Bagatelle für den Fall eines unwichtigen Erscheinungsbildes ausgeweitet, weil der Grad der optischen Beeinträchtigung einer Bagatelle nicht nur kaum erkennbar, sondern auch sichtbar und im Grenzfall sogar gut sichtbar sein kann.

Der von Oswald gesetzte Grenzwert für die mögliche Ermittlung eines Minderwerts (bei Vorliegen einer noch akzeptablen Abweichung) in Höhe von

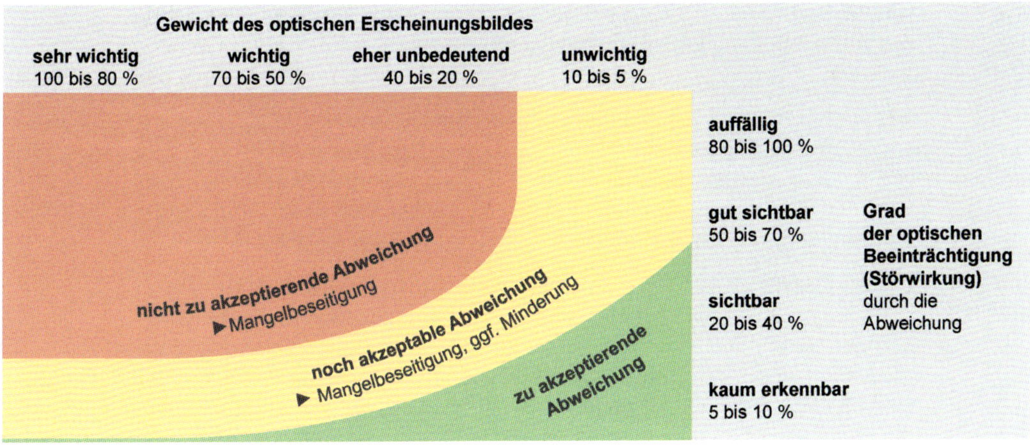

Abb. 0.3: Grafische Darstellung zur Bewertung optischer Mängel

15 % hat sich nach Auffassung der Autoren in der praktischen Anwendung bewährt und wird daher unverändert belassen.

Ermittlung des Minderwerts aufgrund optischer Abweichungen vom Sollzustand

Für die Ermittlung des Minderwerts ist zunächst eine Einordnung der vorliegenden optischen Abweichung gemäß Abb. 0.3 vorzunehmen.

Der Grad der optischen Beeinträchtigung durch die Abweichung ist den Kategorien auffällig, gut sichtbar, sichtbar und kaum erkennbar zuzuordnen. Entscheidend ist dabei nicht die Sichtbarkeit der Abweichung selbst, sondern die von ihr ausgehende Störwirkung.

Das Gewicht des Erscheinungsbildes der zu untersuchenden Oberfläche ist mit den Begriffen sehr wichtig, wichtig, eher unbedeutend und unwichtig zu klassifizieren.

Wenn nach dieser Einstufung eine noch akzeptable Abweichung vorliegt, kann der Minderwert über die Multiplikation der quantifizierten Gewichtung des Erscheinungsbildes mit dem quantifizierten Grad der optischen Beeinträchtigung ermittelt werden.

> **Beispiel**
>
> Im Obergeschoss des Treppenhauses in einem Wohngebäude weist der Innenputz einer Wand geringfügige, d. h. kaum erkennbare Bearbeitungsspuren auf. Das Gewicht des Erscheinungsbildes der zu untersuchenden Oberfläche ist als wichtig (im Mittel 60 %) einzustufen, der Grad der optischen Beeinträchtigung durch die Abweichung als kaum erkennbar (hier 10 %). Somit ergibt sich eine quantitative Bewertung der Abweichung in einem Bereich von 0,6 · 0,1 = 0,06 (6 %).

Nun stellt sich die Frage nach der Bezugsgröße.

Gemäß § 638 Abs. 3 BGB ist bei der Ermittlung einer Minderung vom Wert des Werks im mangelfreien Zustand auszugehen.

Bei der Anwendung der klassischen Zielbaummethode nach Aurnhammer werden hierfür die Herstellungskosten der Bauleistung als Bezugsgröße angesetzt (vgl. Aurnhammer, 1978). Dies führt jedoch häufig zu betragsmäßig geringen Minderwerten, da bei dieser Methode sowohl die funktionalen als auch die optischen Eigenschaften der Bauleistung untergliedert und dann jeweils gesondert beurteilt werden.

Bei der Ermittlung der Herstellungskosten können Ausstrahlungseffekte berücksichtigt werden, d. h. die Herstellungskosten sämtlicher Bauteile einbezogen werden, die bei Betrachtung der zu beurteilenden Abweichung im Blickfeld liegen. Weiterhin ist es im Einzelfall bei einem als sehr wichtig oder wichtig einzustufenden Gewicht des optischen Erscheinungsbilds denkbar, die Minderung durch den optischen Mangel auf die gesamten Herstellungskosten zu beziehen, d. h. funktionale Eigenschaften außer Acht zu lassen. Diese Vorgehensweise ist dadurch zu begründen, dass allein zur Beseitigung eines schwerwiegenden optischen Mangels die Neuherstellung (z. B. einer hochwertigen Fassadenkonstruktion) erforderlich sein kann.

Im vorliegenden Buch soll auf die Frage der Bezugsgröße einer quantitativ beurteilten Abweichung nicht weiter eingegangen werden, da in erheblichem Umfang rechtliche Aspekte berührt sind, die im Spannungsfeld zwischen Recht und Technik gelöst werden müssen.

Fallbeispiele

In den Kapiteln 1 bis 6 dieses Buches werden insgesamt 90 Fallbeispiele differenziert nach den folgenden Bauteilgruppen dargestellt:

- Oberflächen außen - Fassade und Dach (Kapitel 1),
- Oberflächen innen - Wand und Decke (Kapitel 2),
- Fenster und Türen (Kapitel 3),
- Bodenflächen außen (Kapitel 4),
- Bodenflächen innen (Kapitel 5),
- Bauteile aus Sichtbeton (Kapitel 6).

Diese Fallbeispiele sind so strukturiert, dass jeweils Bilddarstellungen mit Abweichungen vom Sollzustand in unterschiedlich starker Ausprägung auf einer Doppelseite gegenübergestellt werden.

Jedes Beispiel, d. h. der auf einer Buchseite dargestellte Fall bzw. die dort zusammen dargestellten Einzelfälle, wird einer der 4 folgenden Gruppen zugeordnet:

- ohne Abweichung (zu akzeptieren),
- Bagatelle (zu akzeptierende Abweichung),
- Mangelbeseitigung, eventuell Minderung (noch akzeptable Abweichung),
- Mangelbeseitigung (nicht zu akzeptierende Abweichung).

Die in Einzelfällen dargestellten Beispiele ohne Abweichung dienen der Verdeutlichung.

Auf jeder rechten Buchseite einer Doppelseite befindet sich eine Bewertungsgrafik, die in schematischer Form Abb. 0.3 entspricht. Diese Grafik illustriert jeweils die Position der dargestellten Beispiele in der Matrix zur Einordnung der optischen Abweichungen, sofern Abweichungen festgestellt werden können. Optisch mangelfreie Zustände können hier nicht eingeordnet werden.

Fallweise werden erläuternde Hinweise zur Einordnung der dargestellten Abweichungen in Bezug auf die Betrachtung der gesamten Bauleistung und die praktische Anwendung gegeben.

Es ist darauf hinzuweisen, dass aus den in den Fallbeispielen getroffenen Beurteilungen keine allgemeingültigen Schlussfolgerungen abgeleitet werden können. Zu beurteilen ist immer der konkrete Einzelfall.

Toleranzen für Abweichungen

Bei der Entwicklung einer Baumaßnahme im gestalterischen Entwurf und in der Ausführungsplanung wird eine Vielzahl von Elementen mit einer idealen geometrischen Form konzipiert und in einer optimalen Lage innerhalb des Bauwerks angeordnet. Dies ist zunächst ein theoretischer Prozess. Die spätere baupraktische Umsetzung wird unvermeidbar mit Abweichungen von der idealen Form und Lage verbunden sein.

Ein zentraler Bestandteil des gesamten Prozesses von der Planung bis zur Fertigstellung ist es also, Abweichungen aus Ungenauigkeiten beim Messen, bei der Fertigung und bei der Montage auf ein für den gewollten Erfolg vertretbares Maß zu begrenzen. Diese Grenzen müssen für jede Bauaufgabe mit Toleranzen festgelegt werden.

Bei der Formulierung von Genauigkeitsanforderungen ist zunächst zu unterscheiden zwischen einer Tolerierung von Passungen unter dem Aspekt der Funktion (und einem funktionsgerechten Zusammenfügen von Bauwerken und Bauteilen des Roh- und Ausbaus ohne Anpass- und Nacharbeiten) und dem optischen Erscheinungsbild fertiger Bauteiloberflächen.

In DIN 18202 „Toleranzen im Hochbau – Bauwerke“ (2019) werden Toleranzen für Abweichungen von den Nennmaßen der Größe, Gestalt und Lage von Bauteilen und Bauwerken angegeben. Hierbei handelt es sich um die für Standardleistungen durchschnittlich üblicher Ausführungsart und Abmessungen im Rahmen einer üblichen Sorgfalt zu erreichende Genauigkeit. Die angegebenen Werte sind deswegen auch nicht abschließend.

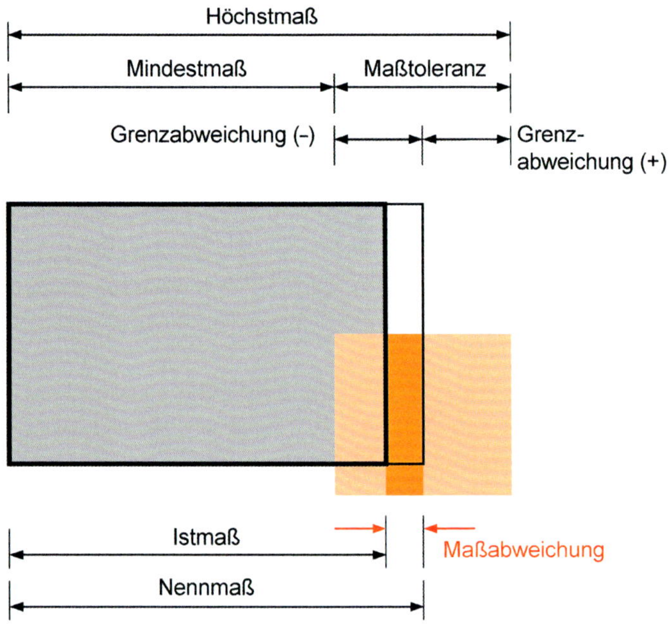

Abb. 0.4: Definition der (Längen-)Maßabweichung nach DIN 18202

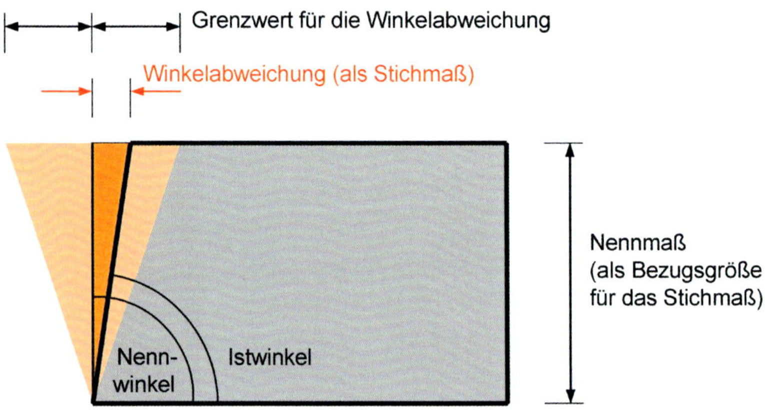

Abb. 0.5: Definition der Winkelabweichung nach DIN 18202

Der Istzustand einer Bauteiloberfläche stellt sich in der Regel als eine Kombination von Lage- und Formabweichungen dar. Nach den Begriffsdefinitionen in DIN 18202 umfassen diese (Längen-)Maßabweichungen (vgl. Abb. 0.4), Winkelabweichungen (vgl. Abb. 0.5), Ebenheitsabweichungen (vgl. Abb. 0.6) und Fluchtabweichungen (vgl. Abb. 0.7). Die unterschiedlichen Abweichungsarten werden sowohl bei der Prüfung als auch bei der Einhaltung von Grenzwerten für Abweichungen getrennt für sich betrachtet.

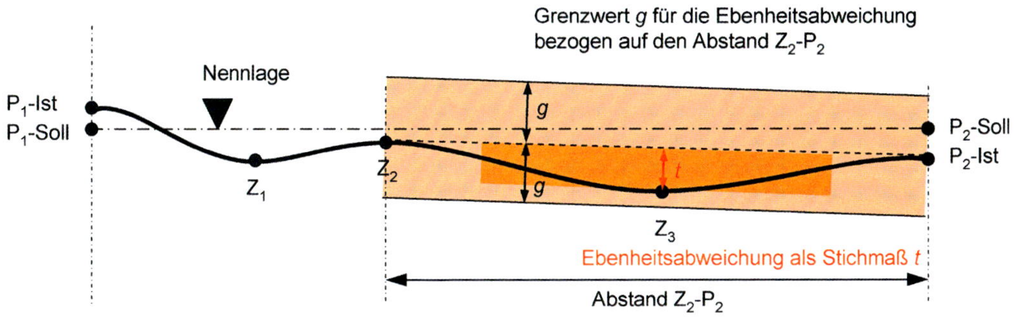

Abb. 0.6: Definition der Ebenheitsabweichung nach DIN 18202

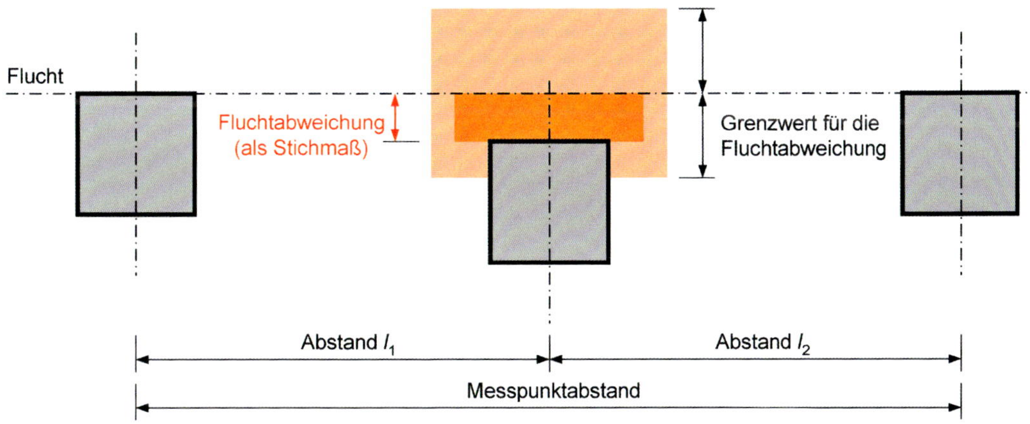

Abb. 0.7: Definition der Fluchtabweichung nach DIN 18202

Bei der Herstellung von Bauteilen und Bauwerken sind die Istmaße in aller Regel mit einem Fehler behaftet und weichen um die Größe des Fehlers, die Maßabweichung, von den Nennmaßen ab. Die möglichen Fehlerarten werden unterschieden in erfassbare systematische Fehler, nicht erfassbare systematische Fehler, zufällige Fehler und grobe Fehler.

Maßabweichungen sind zudem Zufallsgrößen. Sie unterliegen den Gesetzen der Wahrscheinlichkeit und können deshalb statistisch ausgewertet werden. Die zu erwartende tatsächliche Maßabweichung lässt sich wegen der unbekannten Fehlereinflüsse nicht exakt vorher bestimmen. Mit der Wahrscheinlichkeitsrechnung ist es jedoch möglich, für ein bestimmtes Ereignis, z. B. das Auftreten einer bestimmten Maßabweichung, die Wahrscheinlichkeit seines Eintretens vorherzusagen (vgl. Abb. 0.8).

Das heißt wohlgemerkt nicht, dass dieser Fehler dann auch tatsächlich sicher bzw. in einer bestimmten Größe oder an einer bestimmten Stelle auftritt.

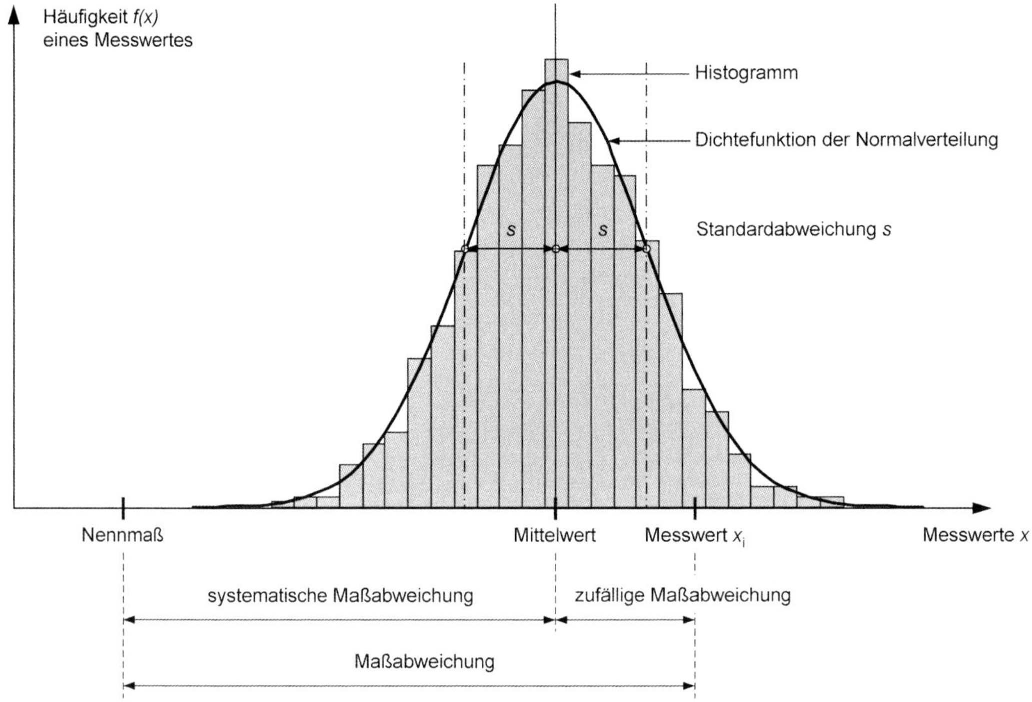

Abb. 0.8: Beschreibung der Maßabweichungen mithilfe von Histogramm und Dichtefunktion der Normalverteilung

In der Bauausführung kann für Maßabweichungen unter dem vorrangigen Aspekt der Passung eine gewisse Toleranz hinsichtlich der Genauigkeit durchaus zugelassen werden. Einflussgrößen der ausführungsbedingten Toleranz sind menschliche Unzulänglichkeiten in Planung, Koordinierung und Ausführung, materialbedingte Imperfektionen sowie zeit- und systembedingte Unzulänglichkeiten wie Wetter, Zugänglichkeit, Verfügbarkeit der Mittel usw. Folge der Genauigkeitseinflüsse auf das Bauen ist, dass nicht regelmäßig eine einheitliche „Standardleistung“, sondern die standardmäßig beschriebene Leistung mit einem wechselnden Fehler ausgeführt wird. Die Toleranznormen tragen diesem Umstand Rechnung, indem sie die zulässige Unschärfe der Ausführung als Toleranz für eine noch zu akzeptierende Abweichung von der erwarteten Leistung definieren.

Maßabweichungen, die nicht primär unter dem Aspekt einer fehlenden Passung, sondern in erster Linie aufgrund des optischen Erscheinungsbildes einer fertiggestellten Oberfläche offensichtlich werden, fallen nicht in den eigentlichen Anwendungsbereich der DIN 18202 als Passungsnorm. Eine Überschreitung der Maßtoleranzen nach DIN 18202 ist mitunter mit einer optischen Beeinträchtigung verbunden. Es gibt aber auch Abweichungen, bei denen trotz Einhaltung der Grenzwerte gemäß DIN 18202 ein optischer Mangel besteht, z. B. Winkelabweichungen benachbarter Bauteile.

Darüber hinaus können auch Fälle vorliegen, in denen die Instrumente der Norm DIN 18202 nicht angewendet werden können. Als Beispiele seien hier angeführt ungleichmäßige Putzstrukturen, Abweichungen im Fugenbild bei kleinformatigen Bekleidungen oder Belägen oder auch singuläre Fehlstellen an Bauteiloberflächen. Für die Anforderungen an fertige Oberflächen existieren alternative Beurteilungsgrundlagen. Hierbei handelt es sich um die sog. Fachregeln eines Handwerks, die allerdings zumeist nicht als schriftlich gefasstes Regelwerk vorliegen. Anforderungen an die Maßhaltigkeit lassen sich aus gewerkeüblichen und nach den Regeln der Handwerkskunst zu erwartenden Verarbeitungsweisen ableiten. So ist es beispielsweise die übliche Art, eine geputzte Oberfläche handwerklich zu glätten oder geputzte Kanten geradlinig auszuführen.

Die Ausführung einer handwerklichen Leistung entspricht unter Umständen nicht den zu stellenden Anforderungen und ein üblicherweise zu erwartender Qualitätsstandard wird nicht erreicht, wenn das Ergebnis einer handwerklichen Leistung erkennen lässt, dass beispielsweise

- die Bearbeitungsweise ungeeignet war,
- der Verarbeiter das notwendige handwerkliche Geschick nicht besaß,
- die erforderlichen Werkzeuge nicht eingesetzt wurden,
- die Zubereitung der Stoffe nicht den Anforderungen entsprach,
- die erforderlichen Umgebungsbedingungen (z. B. Temperatur) nicht vorlagen.

Eine Maßabweichung kann also nach technischer Auffassung auch dann einen Fehler darstellen, wenn sie bei üblicher handwerklicher Sorgfalt zu vermeiden gewesen wäre. Der Beurteilungsmaßstab ist in diesem Fall nicht die DIN 18202, sondern das üblicherweise zu erwartende Erscheinungsbild bei einer Ausführung nach den einschlägigen Fachregeln des Handwerks.

Die in vielen Fällen nicht existierende schriftliche Fassung der sog. Fachregeln eines Handwerks bedeutet in der Praxis freilich, dass ein einheitlicher, verbindlicher und „zitierfähiger" Beurteilungsmaßstab als Bausoll fehlt. Dies ist aber kein Manko. Die übliche handwerkliche Sorgfalt ist ein wesentliches und gutes Kriterium. Bei der abschließenden Beurteilung einer handwerklichen Leistung sind jedoch erfahrungsgemäß auch einzelfallspezifische Kriterien zu berücksichtigen.

Die mit dem vorliegenden Buch dargestellten Beispiele für Abweichungen insbesondere von der gewollten Form und Gestalt beziehen sich in erster Linie auf das Erscheinungsbild einer Oberfläche. Diese Abweichungen fallen nicht in den klassischen Anwendungsbereich der Toleranznorm DIN 18202. Es ist deshalb erforderlich, die Qualität des optischen Erscheinungsbildes unter Berücksichtigung der Abweichung im Einzelfall zu beurteilen. Dieser Vorgang kann mit einer Klassifizierung der Bedeutung eines Merkmals in Bezug auf die Gestalt und hinsichtlich des Grades der Beeinträchtigung zielgerichtet erfolgen.

1 Oberflächen außen – Fassade und Dach

1.1 Verblendmauerwerk mit Farbunterschieden in den Fugen

1 Mangelbeseitigung, eventuell Minderung (noch akzeptable Abweichung)

Das Verblendmauerwerk eines Bürogebäudes auf einem gewerblich genutzten Grundstück besteht aus roten, im wilden Verband gemauerten Handformziegeln. Die Verfugung wurde durch Fugenglattstrich des angesteiften Mauermörtels hergestellt.

An der straßenabgewandten, für den Besucher nicht einsehbaren Giebelwand zeigen sich Farbunterschiede in der Verfugung, die sich über die Fassadenfläche verteilen (siehe Abb. 1.1). Der Grad der optischen Beeinträchtigung ist als sichtbar einzustufen. Die Verblendfassade ist aufgrund ihrer Lage für das optische Gesamterscheinungsbild eher unbedeutend.

Abb. 1.1: Farbunterschiede in den Fugen eines Verblendmauerwerks mit Fugenglattstrich bei einem Bürogebäude

Zur vollständigen Beseitigung der noch akzeptablen Abweichung müsste die Verfugung vollflächig neu hergestellt werden. Im vorliegenden Fall wurde wegen des Risikos von Steinbeschädigungen der relativ weichen Handformziegel mit nicht geradlinigem Kantenverlauf auf eine derartige Nachbesserung verzichtet und eine Minderung in Höhe der geschätzten Mangelbeseitigungskosten vereinbart.

Hinweis: Bei einem Verblendmauerwerk mit Fugenglattstrich wird die Farbgleichheit der Fugen maßgeblich durch eine gleichmäßige Konsistenz des Mörtels zum Zeitpunkt des Verstreichens bestimmt. Da bereits geringe Schwankungen der Temperatur und/oder Luftfeuchte die Mörtelkonsistenz verändern können, lassen sich unter Baustellenbedingungen erfahrungsgemäß geringfügige Farbunterschiede in den Fugen nicht vollständig vermeiden.

Im dargestellten Fall sind die Farbabweichungen nicht mehr als geringfügig zu bezeichnen, da sie aus betrachtungsüblicher Entfernung sichtbar sind und das optische Erscheinungsbild beeinträchtigen.

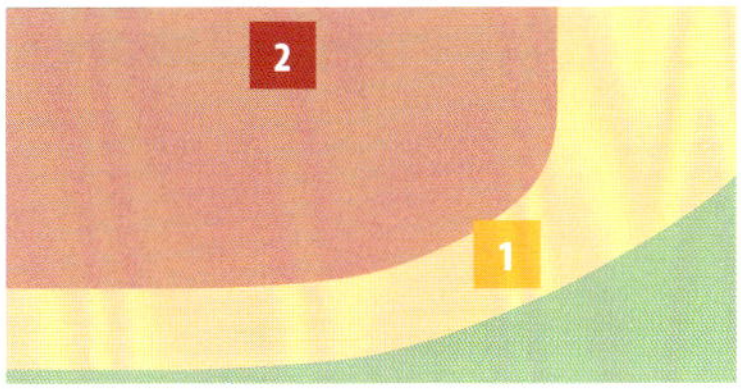

2 Mangelbeseitigung (nicht zu akzeptierende Abweichung)

Abb. 1.2: Nicht zu akzeptierende Farbunterschiede in den Fugen des Verblendmauerwerks eines Einfamilienwohnhauses

Die Fassaden eines Einfamilienwohnhauses bestehen aus einem Klinkersichtmauerwerk.

An der gartenseitigen Fassade, die sich dem Betrachter von der Terrasse aus präsentiert, ist das als wichtig einzustufende optische Erscheinungsbild durch einen auffälligen Farbunterschied in der Verfugung erheblich gestört (siehe Abb. 1.2).

Die Abweichung ist als nicht zu akzeptieren einzustufen. Ihre Beseitigung macht eine vollflächige Neuherstellung der Verfugung erforderlich.

Hinweis: Derart auffällige und störende Farbabweichungen in der Verfugung eines Verblendmauerwerks sind nicht zu akzeptieren. Sie müssen durch vollflächige Neuherstellung der Verfugung beseitigt werden.

1.2 Verblendmauerwerk mit Unregelmäßigkeiten im Fugenbild

1 Bagatelle (zu akzeptierende Abweichung)

Das aus Klinkern hergestellte Verblendmauerwerk einer Versand- und Lagerhalle ist durch vertikale Dehnungsfugen in Felder unterteilt. Das Verblendmauerwerk wurde im wilden Verband hergestellt. Bei Betrachtung der Fassaden ist bei den Anschlüssen an die vertikalen Dehnungsfugen eine Abweichung von der Asymmetrie des wilden Mauerverbandes sichtbar (siehe Abb. 1.3).

Das wichtige optische Gesamterscheinungsbild der Verblendfassaden wird bereits durch die technisch erforderlichen Dehnungsfugen beeinträchtigt. Die zusätzliche Beeinträchtigung, die sich aus der Abweichung von der Asymmetrie des wilden Verbandes ergibt, ist sehr gering. Sie spielt eine untergeordnete Rolle. Diese Abweichung erscheint daher als akzeptabel und wird unter Berücksichtigung der Tatsache, dass im vorliegenden Fall keine besondere Beschaffenheit des Mauerverbandes vereinbart war, noch als zu akzeptierende Bagatelle eingestuft.

Abb. 1.3: Abweichung von der Asymmetrie des wilden Verbandes

Hinweis: Bei einem Verblendmauerwerk kann sich die technische Notwendigkeit ergeben, die Fassadenfläche durch vertikale Dehnungsfugen in Felder zu unterteilen, um Zwängungen infolge von temperaturbedingten Längenänderungen zu vermeiden. Die somit konstruktionsbedingt verursachte optische Beeinträchtigung muss hingenommen werden. Abweichungen aus dem Mauerverband beim Anschluss an Dehnungsfugen müssen in diesem Zusammenhang beurteilt werden.

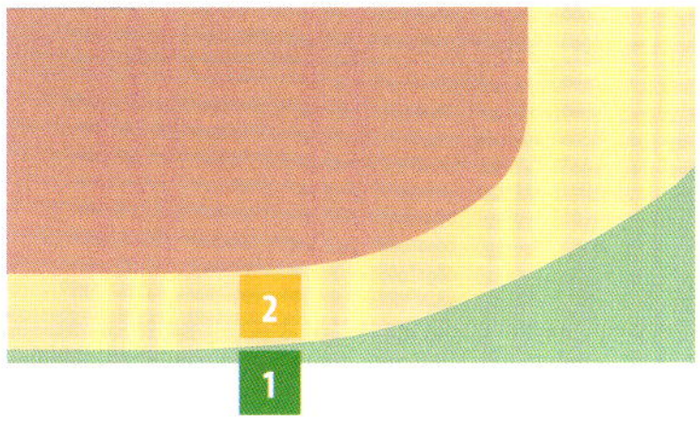

2 Mangelbeseitigung, eventuell Minderung (noch akzeptable Abweichung)

Abb. 1.4: Betrachtung aus der Nähe – erkennbare Unregelmäßigkeiten im Fugenbild aufgrund von verformten und schief eingebauten Klinkern

Abb. 1.5: Fassadensicht aus betrachtungsüblicher Entfernung

Die Fassaden eines mehrgeschossigen Wohngebäudes auf einem Kasernengelände bestehen aus einem Sichtmauerwerk (Klinker).

Im Bereich der beiden unteren Geschosse sind Unregelmäßigkeiten im Fugenbild vorhanden. Die Unregelmäßigkeiten bestehen in unterschiedlich breiten Lagerfugen sowie in verformten und schief oder nicht höhengleich eingebauten Klinkern (siehe Abb. 1.4).

Da die Unregelmäßigkeiten aus einem gebrauchsüblichen Betrachtungsabstand größtenteils kaum erkennbar sind (siehe Abb. 1.5) und der wichtige optische Gesamteindruck der Fassaden hierdurch nicht wesentlich gestört wird, war im vorliegenden Fall eine Mangelbeseitigung, die eine vollflächige Neuherstellung des gesamten Verblendmauerwerks erfordert hätte, aus technischer Sicht unverhältnismäßig; die Bewertung des optischen Mangels wurde durch den Ansatz einer Minderung vorgenommen.

Hinweis: In DIN EN 1996-1-1/NA „Nationaler Anhang – National festgelegte Parameter – Eurocode 6: Bemessung und Konstruktion von Mauerwerksbauten – Teil 1-1: Allgemeine Regeln für bewehrtes und unbewehrtes Mauerwerk" (2019) wird empfohlen, die Lagerfugen in einer Dicke von 12 mm auszuführen. Dabei ist zu berücksichtigen, dass zulässige Maßabweichungen der einzelnen Mauersteine jeweils in der unmittelbar angrenzenden Fuge durch Verringerung bzw. Vergrößerung der Fugenbreite ausgeglichen werden müssen. Normative Festlegungen zu Maßtoleranzen von Fugenbreiten gibt es allerdings nicht.

1.3 Verblendmauerwerk mit Abplatzungen

1 Bagatelle (zu akzeptierende Abweichung)

Einzelne Klinker des Verblendmauerwerks einer Versand- und Lagerhalle sind an den Ecken und Kanten beschädigt (siehe Abb. 1.6). Die kleinen mechanischen Beschädigungen sind aus betrachtungsüblicher Entfernung erst bei genauem Hinsehen zu erkennen. Da zudem die Eck- und Kantenabplatzungen über die großen Fassadenflächen (ca. 950 m^2) verteilt sind, wird das als wichtig einzustufende optische Gesamterscheinungsbild der Fassaden durch sie nicht beeinträchtigt.

Die Abweichung kann damit als Bagatelle bewertet werden.

Abb. 1.6: Teilfläche des Verblendmauerwerks mit einzelnen, aus betrachtungsüblicher Entfernung kaum erkennbaren Abplatzungen an den Ecken und Kanten der Klinker

Hinweis: Abplatzungen an den Ecken und Kanten von Vormauerziegeln und Klinkern können durch mechanische, chemische und frostbedingte Einwirkung vor, während und nach Herstellung des Verblendmauerwerks entstehen. Vollständig vermeiden lassen sie sich erfahrungsgemäß nicht.

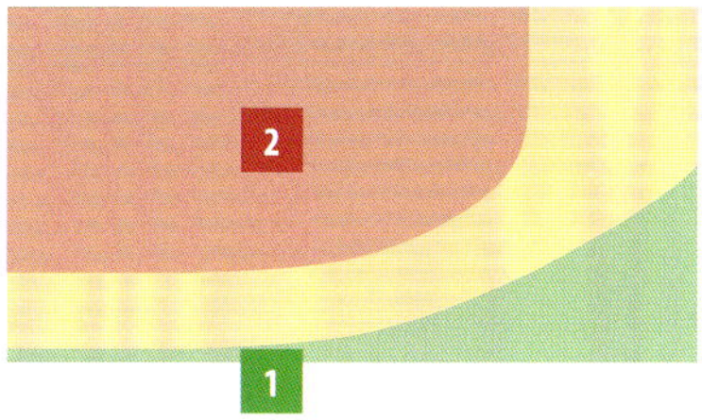

2 Mangelbeseitigung (nicht zu akzeptierende Abweichung)

Abb. 1.7: Abplatzungen an den Kanten der für die Rollschicht verwendeten Klinker

Abb. 1.8: Die gehäuft auftretenden Abplatzungen stören das optische Erscheinungsbild des Verblendmauerwerks.

Das Verblendmauerwerk eines Einfamilienwohnhauses wurde aus roten Klinkern hergestellt.

Auf der gut einsehbaren Giebelseite des Hauses sind zahlreiche Klinker an den Kanten und Ecken beschädigt. Besonders betroffen sind die auf Höhe der Fensterstürze durchlaufenden Rollschichten (siehe Abb. 1.7 und 1.8). Die Abplatzungen sind aus betrachtungsüblicher Entfernung gut sichtbar.

Der optische Mangel bewirkt eine wesentliche Beeinträchtigung des als wichtig einzustufenden optischen Erscheinungsbildes des Verblendmauerwerks und ist deshalb nicht zu akzeptieren.

Zur vollständigen Beseitigung des mangelhaften Zustands bedarf es einer Neuherstellung des Verblendmauerwerks der betroffenen Hauswand.

1.4 Verblendmauerwerk mit Farbdifferenzen

1 Bagatelle (zu akzeptierende Abweichung)

Die Fassade eines mehrgeschossigen Gebäudes der öffentlichen Verwaltung besteht aus einem Verblendmauerwerk aus Vormauerziegeln. Lisenen gliedern die Fassade (siehe Abb. 1.9).

In der Ansichtsfläche einer Lisene befinden sich im Erdgeschoss mehrere Steine mit einem sichtbar dunkleren Grundfarbton als in der umgebenden Fläche (siehe Abb. 1.10).

Die dunkler gefärbten Verblender beeinträchtigen das optische Gesamterscheinungsbild der Fassadenfläche kaum erkennbar.

Das Gesamterscheinungsbild der betroffenen Fassade ist als Seitenansicht mit Orientierung zu einem Parkplatz als wichtig einzustufen.

Die Abweichung einzelner Verblender innerhalb eines insgesamt durchmischten Erscheinungsbildes mit leicht differierenden Grundfarbtönen ist als Bagatelle zu bewerten.

Abb. 1.9: Verblendmauerwerk mit einzelnen dunkleren Vormauerziegeln an einer Lisene

Abb. 1.10: Detailaufnahme der Abweichung

Hinweis: Farbtondifferenzen sind bei dem verwendeten Material unvermeidbar. Mit einer Durchmischung der Steine von möglichst mehreren Liefergebinden – auch über Arbeitsgrenzen hinweg – lässt sich jedoch ein gleichmäßig gemustertes Gesamtbild erzielen.

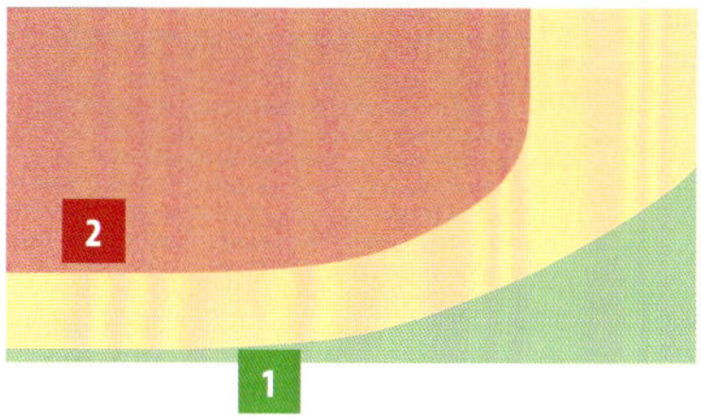

2 Mangelbeseitigung (nicht zu akzeptierende Abweichung)

Abb. 1.11: Verblendmauerwerk mit Farbdifferenzen unterhalb der Decke über dem ersten Obergeschoss

Abb. 1.12: Farbdifferenzen im Bereich der Lisenen und über den Fenstern

Bei dem zuvor beschriebenen Verwaltungsgebäude weist eine andere Teilfläche der Fassade, die sich über mehrere Lisenen und die dazwischen befindlichen, durch Fenster unterbrochenen Bereiche erstreckt, Farbabweichungen des Verblendmauerwerks etwa auf Höhe Unterkante der Decke über dem ersten Obergeschoss auf (siehe Abb. 1.11 und 1.12). Diese ergeben sich aus einer ungenügenden Durchmischung benachbarter Verblender mit differierendem Grundfarbton.

Die lokale Anhäufung etwa gleichfarbiger Verblender ist aus einer gebrauchsüblichen Betrachterposition als Abweichung im optischen Erscheinungsbild sichtbar und steht insbesondere im Gegensatz zu dem ansonsten weitgehend gleichmäßig durchmischten Erscheinungsbild.

Das Gesamterscheinungsbild der Fassade ist wegen der zur Straße exponierten Lage als sehr wichtig einzustufen.

Auf Basis dieser Kriterien ist die ungleichmäßige Durchmischung der unterschiedlich gefärbten Vormauerziegel als nicht zu akzeptierende Abweichung zu bewerten.

1.5 Verblendmauerwerk mit Farbabweichungen

1 Bagatelle (zu akzeptierende Abweichung)

Die Fassaden eines Wohnhauses bestehen aus einem roten Klinkermauerwerk. Auf Abb. 1.13 ist zu erkennen, dass die Klinker mit einem dunkleren Farbton an der Giebelseite ungleichmäßig über die Fläche verteilt sind. Es gibt Bereiche mit einer Anhäufung dunkler Klinker, während andere Teilflächen nicht von dunkleren Steinen durchmischt sind. An der traufseitigen Fassade ist die Verteilung der dunklen Steine über die Gesamtfläche erkennbar gleichmäßiger.

Abb. 1.13: Verblendfassade eines Wohnhauses mit ungleichmäßiger Verteilung der dunkleren Klinker an der Giebelseite

Das als wichtig einzustufende Gesamterscheinungsbild der Verblendfassaden wird durch die ungleichmäßige Verteilung der dunkleren Klinker an der Giebelfassade nicht beeinträchtigt, sodass die Abweichung im vorliegenden Fall als Bagatelle eingestuft wird.

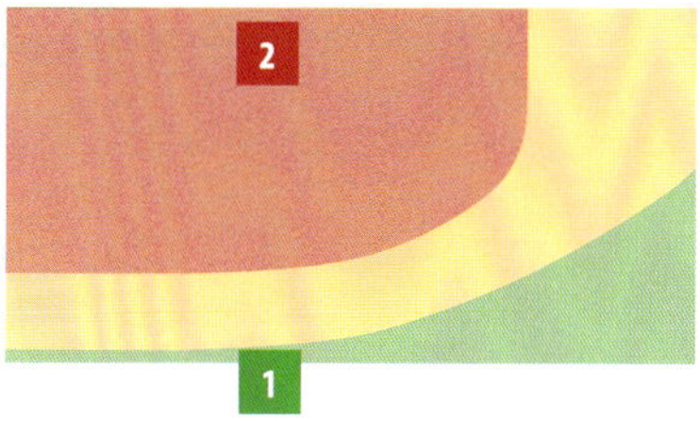

2 Mangelbeseitigung (nicht zu akzeptierende Abweichung)

Abb. 1.14: Verblendfassade einer Wohnanlage mit nicht zu akzeptierenden Farbunterschieden zwischen einzelnen Teilflächen

An der Klinkerfassade einer Wohnanlage zeigen sich an der Hauseingangsseite deutlich sichtbare Farbunterschiede zwischen einzelnen Teilflächen (siehe Abb. 1.14). Diese Abweichungen hätten sich vermeiden lassen, wenn die angelieferten Steinpakete vor der Verarbeitung durchmischt worden wären.

Die auf Abb. 1.14 dargestellte Fassade ist der Straße zugewandt und einer ständigen Betrachtung durch vorbeigehende bzw. -fahrende Personen ausgesetzt. Das Gewicht des optischen Erscheinungsbildes kann daher als wichtig eingestuft werden. Die Störwirkung der Farbunterschiede zwischen den Teilflächen ist auffällig und nicht zu akzeptieren.

Hinweis: Zur Erzielung eines gleichmäßigen Erscheinungsbildes von Verblendfassaden sollen Ziegel und Klinker in ausreichender Menge bestellt, gleichzeitig aus mehreren Paketen entnommen und sorgfältig durchmischt verarbeitet werden.

1.6 Verblendmauerwerk mit Mörtelverschmutzungen und Ausblühungen

1 Ohne Abweichung (zu akzeptieren)

Die Verblendfassaden einer mehrgeschossigen, im ländlichen Bereich errichteten Eigentumswohnanlage bestehen aus roten Handformziegeln.

Die Farbtonunterschiede und die faltige Oberflächenstruktur mit einem ungeraden Verlauf der Kanten sind durch den Rohstoff Ton und den Herstellungsprozess bedingt. Diese Erscheinungen sind charakteristisch für das gewollt rustikale Erscheinungsbild eines Verblendmauerwerks aus Handformziegeln und nicht zu beanstanden. Abb. 1.15 zeigt insofern die übliche und vom Besteller zu erwartende Beschaffenheit (Sollzustand).

Abb. 1.15: Fassadenabschnitt mit üblicher Beschaffenheit eines Verblendmauerwerks aus Handformziegeln

Hinweis: Ein aus stark saugenden Handformziegeln hergestelltes Verblendmauerwerk neigt wegen der starken kapillaren Wasseraufnahme und -speicherfähigkeit der Steine ohnehin zu Ausblühungen. Es muss daher sowie zur Vermeidung von Auswaschungen des Fugenmörtels während der Bauzeit unbedingt vor einer unzuträglichen Wasserbeanspruchung geschützt

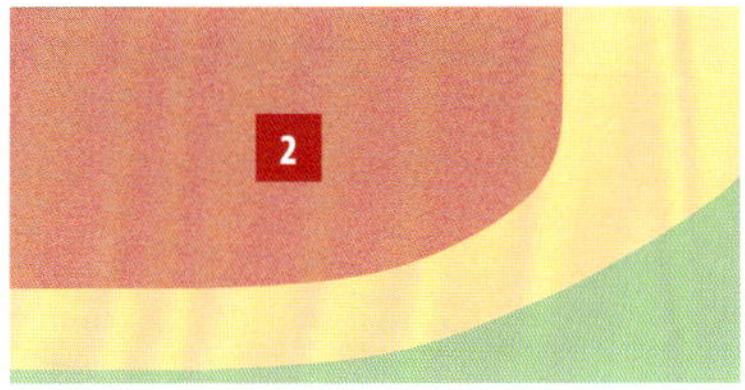

2 Mangelbeseitigung (nicht zu akzeptierende Abweichung)

Abb. 1.16: Verblendfassade mit Ausblühungen und Mörtelverschmutzungen im Bereich eines Regenfallrohres

An 2 weiteren Fassaden der zuvor beschriebenen Wohnanlage, die vom Parkplatz bzw. vom Nachbargrundstück aus eingesehen werden können, weist die Oberfläche des Ziegelverblendmauerwerks im Bereich dort angeordneter Regenfallrohre eine hellgräuliche Verfärbung auf, wodurch sich dieser Bereich optisch deutlich von der übrigen Fassadenfläche unterscheidet. Bei den Farbabweichungen handelt es sich um Ausblühungen und Mörtelverschmutzungen (siehe Abb. 1.16).

Das Erscheinungsbild und die gleichartige bauliche Situation (Anordnung von Regenfallrohren) an den beiden betroffenen Fassaden lassen darauf schließen, dass die Ausblühungen und Mörtelverschmutzungen dadurch entstanden sind, dass während der Bauzeit Niederschlagswasser von den Dachflächen unkontrolliert in oder über das Verblendmauerwerk abgelaufen ist.

Durch die als gut sichtbar einzustufende Störwirkung der Ausblühungen und Verschmutzungen ist das wichtige optische Erscheinungsbild der Fassade beeinträchtigt. Es liegt eine nicht zu akzeptierende Abweichung vor.

werden. Insbesondere muss mithilfe von geeigneten Maßnahmen zur provisorischen Wasserableitung verhindert werden, dass das auf den Dachflächen anfallende Niederschlagswasser über das Verblendmauerwerk abläuft oder in dieses eindringen kann.

1.7 Keramische Riemchenbekleidung mit Unregelmäßigkeiten

1 Bagatelle (zu akzeptierende Abweichung)

Die Außenwände einer Wohnanlage sind außenseitig mit einem Wärmedämm-Verbundsystem (WDVS) bekleidet. Aus gestalterischen Gründen besteht die Bekleidung im Hauseingangsbereich – abweichend von der übrigen Fassadenfläche – nicht aus einer Putzbeschichtung, sondern aus dunklen, auf den Unterputz geklebten Keramikriemchen.

Nach Fertigstellung der Arbeiten und Abbau des Gerüstes wurde bei einem Begehungstermin im Rahmen der baubegleitenden Qualitätskontrolle festgestellt, dass die Ausführungsqualität der Riemchenbekleidung beidseitig des Hauseingangs sehr unterschiedlich ausgefallen ist.

Abb. 1.17 zeigt die Fläche auf der rechten Seite des Haustürelements. Dort weist die Riemchenbekleidung mit Ausnahme geringfügiger Farbunterschiede in den Fugen keine nennenswerten Unregelmäßigkeiten auf. Die Oberfläche erscheint gleichmäßig und „ruhig" (siehe Abb. 1.17).

Abb. 1.17: WDVS-Riemchenbekleidung auf der rechten Seite des Hauseingangs mit geringen Farbabweichungen in den Fugen

Die den Hauseingang optisch hervorhebende Riemchenbekleidung ist für das optische Erscheinungsbild der Fassade ein wichtiges gestalterisches Element. Die auf der rechten Seite der Haustür vorhandenen Farbunterschiede in den Fugen sind so gering, dass sie das Gesamterscheinungsbild nicht stören. Die Abweichung ist als Bagatelle zu akzeptieren.

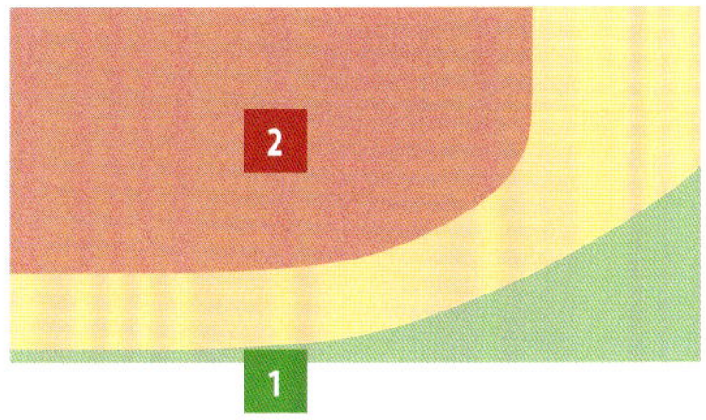

2 Mangelbeseitigung (nicht zu akzeptierende Abweichung)

Abb. 1.18: WDVS-Riemchenbekleidung auf der linken Seite des Hauseingangs mit gut sichtbaren Unregelmäßigkeiten

Auf der linken Seite des Hauseingangs zeigt sich ein deutlich abweichender Zustand. Die Oberfläche erscheint ungleichmäßig, sie wirkt „unruhig" (siehe Abb. 1.18). Hier wurden die Keramikriemchen nicht oberflächenbündig, sondern mit Versätzen gestoßen. Zudem ist die Oberfläche mit Fugenmörtel verschmutzt und in den Fugen zeigen sich weiße Ausblühungen.

Die optische Beeinträchtigung ist gut sichtbar. Das Gewicht des gestalterischen Elements der Riemchenbekleidung im Hauseingangsbereich kann als wichtig für das optische Erscheinungsbild der straßenzugewandten Fassade eingestuft werden.

Auf der Grundlage dieser Parameter liegt eine nicht zu akzeptierende Abweichung vor, die eine Neuherstellung der betroffenen Teilfläche erforderlich macht.

1.8 Holzbauteile mit Verschmutzungen durch Putzreste

1 Mangelbeseitigung, eventuell Minderung (noch akzeptable Abweichung)

Abb. 1.19: Punktuelle Verschmutzungen am Sparren

An der Traufseite eines Mehrfamilienwohnhauses sind die Sparren und die Untersichtschalung des Dachüberstandes aus Fichtenholz mit einer weißen, dünnschichtigen Lasur beschichtet. Die Holzstruktur wird von der dünnschichtigen Lasur nicht überdeckt.

Die Sparren weisen punktuell weiße Flecke auf (siehe Abb. 1.19). Nach augenscheinlicher Feststellung resultieren diese Flecke aus Spritzern des Außenputzes, die vor dem Auftrag der Lasur nicht entfernt wurden.

Der traufseitige Dachüberstand liegt oberhalb der Balkone des zweiten Obergeschosses, sodass er von den Balkonen aus einsehbar ist. Aus dieser Betrachterposition sind die Putzspritzer kaum erkennbar.

Der Dachüberstand ist als gestalterisches Element ein wichtiges Merkmal des optischen Erscheinungsbildes, insbesondere für die Nutzung der unmittelbar unter der Traufe liegenden Balkone. Der Grad der optischen Beeinträchtigung durch die Abweichung ist der Kategorie kaum erkennbar zuzuordnen. Die Putzspritzer können als noch akzeptable Abweichung eingestuft werden.

Im vorliegenden Fall wurden die Putzspritzer beseitigt, da der gesamte Traufbereich aus den in Beispiel 2 angeführten Gründen ohnehin nachgebessert werden musste (vgl. die folgende rechte Buchseite).

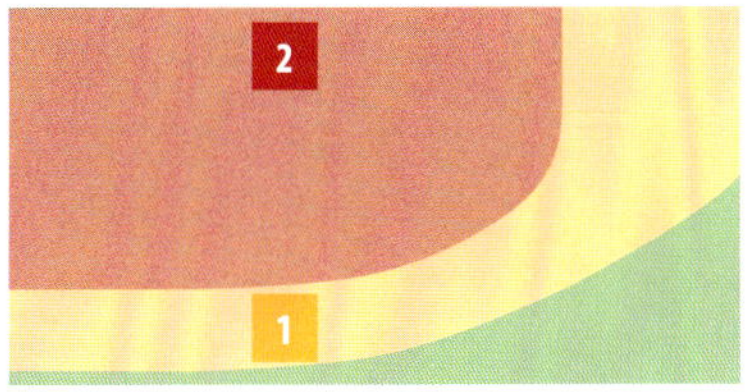

2 Mangelbeseitigung (nicht zu akzeptierende Abweichung)

Abb. 1.20: Deutlich sichtbare Verschmutzungen durch nicht entfernte Putzreste

Abb. 1.21: Deutlich sichtbare Verschmutzungen am Fassadenanschluss

Neben den zuvor beschriebenen Spritzflecken sind an den Sichtholzsparren zusätzlich Verschmutzungen durch weiße, nicht entfernte Putzreste vorhanden (siehe Abb. 1.20 und 1.21). Diese Verschmutzungen befinden sich am Anschluss der Sparren an den Außenputz der Fassade. Offensichtlich wurden die Holzbauteile beim Auftrag des Außenputzes nur unzureichend geschützt.

Der Dachüberstand ist von den Balkonen des zweiten Obergeschosses direkt einsehbar. Von dort aus sind die Putzspritzer auffällig.

Der Dachüberstand ist als gestalterisches Element ein wichtiges Merkmal des optischen Erscheinungsbildes. Die Verschmutzungen beeinträchtigen dieses Erscheinungsbild. Die Störwirkung durch die Abweichung ist der Kategorie auffällig zuzuordnen. Die Putzspritzer sind hier nicht zu akzeptieren. Zur Beseitigung der Putzreste musste im vorliegenden Fall die gesamte Traufe überarbeitet werden (vgl. Hinweis).

Hinweis: Eine Überarbeitung von Teilflächen kann zu sichtbar bleibenden Übergängen zwischen nachgearbeiteten und nicht nachgearbeiteten Flächen führen. Die Nachbesserung lasierter Holzbauteile sollte daher als komplette Überarbeitung erfolgen.

1.9 Holzbauteile mit Rissen

1 Bagatelle (zu akzeptierende Abweichung)

Das Dachtragwerk eines Mehrfamilienwohnhauses ist als Pfettendachstuhl ausgebildet. Die Fußpfette hat einen Querschnitt von ca. 18 cm × 18 cm und besteht aus Vollholz. Die Pfette weist seitlich einen Schwindriss mit ca. 5 mm Rissbreite und ca. 3 bis 4 cm Risstiefe im Randbereich des Querschnitts auf (siehe Abb. 1.22 und 1.23).

Die Rissbildung ist in statisch-konstruktiver Hinsicht unbedenklich. Aus gebrauchsüblichem Abstand von den Balkonen bzw. von den zugänglichen Geländeflächen aus stellt der Riss in der Pfette eine kaum erkennbare optische Beeinträchtigung dar. Die Pfette ist für das Gesamterscheinungsbild der Fassadenansicht als eher unbedeutend einzustufen.

Da keine besonderen Eigenschaften hinsichtlich der Holzqualität vereinbart wurden, ist die Rissbildung als Bagatelle zu akzeptieren.

Abb. 1.22: Fußpfette aus Vollholz mit seitlichem Riss

Abb. 1.23: Fußpfette mit Schwindriss im Randbereich des Querschnitts

Hinweis: Zur Begrenzung von Schwindrissbildungen ist eine besondere Qualität des Holzes zu vereinbaren (z. B. Verwendung von kerngetrenntem Holz, Konstruktionsvollholz oder Brettschichtholz).

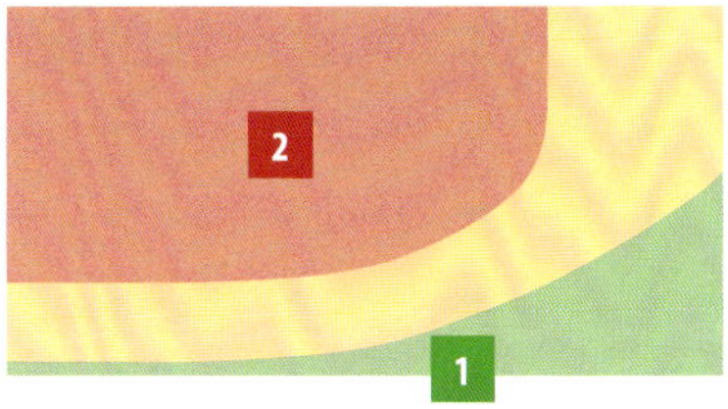

2 Mangelbeseitigung (nicht zu akzeptierende Abweichung)

Abb. 1.24: Gratsparren aus Vollholz mit zweifachem Längsriss

Abb. 1.25: Riss in Gratsparren mit ca. 11 cm Risstiefe und ca. 2,5 cm Rissbreite

Bei einem Wohngebäude ist das Dachtragwerk als sichtbare Holzkonstruktion ausgeführt. Der Gratsparren des Tragwerks besteht aus Vollholz mit Querschnittsabmessungen von ca. 20 cm × 20 cm. An der Sparrenunterseite sind 2 durch Trocknen und Schwinden des Holzes bedingte Längsrisse aufgetreten (siehe Abb. 1.24). Die Risse haben eine max. Tiefe von ca. 11 cm und eine max. Breite von ca. 2,5 cm (siehe Abb. 1.25).

Von den Rissen geht eine gut sichtbare Störwirkung aus. Der Sichtholzdachstuhl hat eine wichtige Bedeutung für das optische Gesamterscheinungsbild.

Unabhängig von der Einhaltung statisch relevanter Grenzwerte stellt die Rissbildung eine nicht zu akzeptierende Abweichung dar.

Hinweis: Eine mögliche Nachbesserung durch Auskeilen der Risse mit Holzleisten und anschließendes Verpressen würde gegenüber dem vorhandenen Zustand keine Verbesserung des optischen Erscheinungsbildes bewirken.

1.10 Außenputz mit Ablaufspuren (1)

1 Mangelbeseitigung, eventuell Minderung (noch akzeptable Abweichung)

An den Putzfassaden einer aus Geschosswohnungen und Reihenhäusern bestehenden Wohnanlage sind einige Jahre nach Fertigstellung Verschmutzungen durch Wasserablaufspuren sichtbar geworden. Abb. 1.26 zeigt die Fassadenfläche über dem Eingang zu einem der Reihenhäuser. Der Hauseingang ist durch ein Vordach geschützt. An der Putzfassade unterhalb des Vordaches sind Ablaufspuren vorhanden, die aus gebrauchsüblichem Betrachtungsabstand kaum erkennbar sind.

Abb. 1.26: Ablaufspuren unter dem Vordach

In Abb. 1.27 ist eine Ablaufspur neben einem auskragenden Balkon der Geschosswohnungen dargestellt. Der maßgebliche gebrauchsübliche Betrachtungsabstand ergibt sich vom Balkon mit Blick nach oben. Von hier ist die Ablaufspur kaum erkennbar.

Abb. 1.27: Ablaufspur neben dem auskragenden Balkon

Die betroffenen Fassaden sind für das optische Gesamterscheinungsbild als wichtig zu bewerten. Die Störwirkung der kaum erkennbaren Ablaufspuren ist in die Kategorie kaum erkennbar einzuordnen. Es handelt sich damit um noch akzeptable Abweichungen.

Hinweis: Ablaufspuren an Putzfassaden, die erst mehrere Jahre nach Fertigstellung bzw. Renovierung eines Gebäudes auftreten, lassen sich nicht vollständig vermeiden. Wenn sie zudem kaum erkennbar sind, können sie im Zuge des üblichen Bauunterhalts beim nächsten Anstrich der Fassaden ohne nennenswerten zusätzlichen Kostenaufwand beseitigt werden.

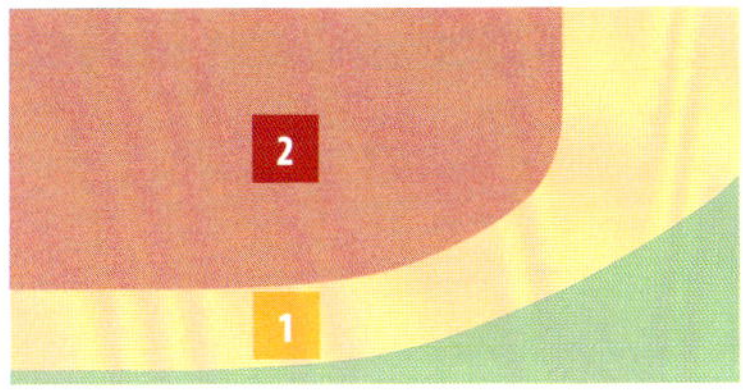

2 Mangelbeseitigung (nicht zu akzeptierende Abweichung)

Abb. 1.28: Ablaufspur neben auskragendem Balkon

Abb. 1.29: Ablaufspur neben Vordach

In den Abb. 1.28 und 1.29 sind Ablaufspuren dokumentiert, die bereits kurz nach Errichtung der Gebäude aufgetreten sind.

Die in Abb. 1.28 zu erkennende Ablaufspur geht von einem Balkon im zweiten Obergeschoss aus. Der betroffene Bereich ist von den Gärten der Erdgeschosswohnungen einsehbar. Aus diesem gebrauchsüblichen Betrachtungsabstand ist die Fassadenverschmutzung gut sichtbar.

Im Fall von Abb. 1.29 handelt es sich um eine Ablaufspur, die von dem Vordach über dem Eingangsbereich eines Wohngebäudes ausgeht. Diese Ablaufspur liegt im unmittelbaren Sichtfeld der Bewohner und Besucher der Wohnanlage. Aus dem kurzen Betrachtungsabstand beim Betreten des Gebäudes ist die Fassadenverschmutzung gut sichtbar.

In beiden Fällen gehören die Fassaden zu den wichtigen Elementen des optischen Erscheinungsbildes. Die Störwirkung der gut sichtbaren Ablaufspuren ist in die Kategorie gut sichtbar einzuordnen. Die Abweichungen sind daher nicht zu akzeptieren.

1.11 Außenputz mit Ablaufspuren (2)

1 Mangelbeseitigung (nicht zu akzeptierende Abweichung)

Die Loggien einer hochwertig ausgestatteten Wohnanlage sind verglast. Eine der Seitenwände der Loggien ist in einem starken Rot beschichtet. An der Oberfläche dieser Seitenwand sind bei bestimmten Lichtverhältnissen (Streiflicht) Ablaufspuren zu erkennen (siehe Abb. 1.30). Diese sind durch den Einsatz eines transparenten Reinigungsmittels bei der Verfugung des Wand-Decken-Anschlusses entstanden. Streiflicht tritt aufgrund des schmalen Verglasungsrandes als üblicher Lichteinfall auf.

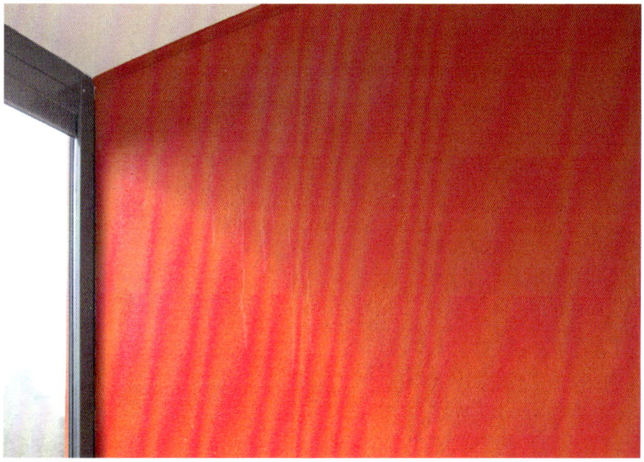

Abb. 1.30: Ablaufspuren aus Reinigungsmittel in einer Loggia

An den Stützwänden der Kelleraußentreppen sind bereits kurz nach Fertigstellung gleichmäßige Ablaufspuren aufgetreten (siehe Abb. 1.31). Die aus Stahlbeton hergestellten Stützwände sind an der oberen Kante gefast, eine Abdeckung mit Tropfkante ist nicht vorhanden.

Abb. 1.31: Gleichmäßige Ablaufspuren bei einer Kelleraußentreppe

Der maßgebliche Betrachtungsabstand ergibt sich in beiden Fällen von einem Standpunkt nahe der Wandoberfläche, die Ablaufspuren sind bei Betrachtung aus gebrauchsüblichen Abstand gut sichtbar. Die farblich hervorgehobene Wandoberfläche der Loggia ist ein sehr wichtiges Element der Fassadengestaltung (vgl. Position 1a in der Bewertungsgrafik). Die Außenwand der Kellertreppe ist als eher unbedeutend einzustufen (Position 1b).

Die Abweichungen wirken sich in beiden Fällen gut sichtbar auf das optische Erscheinungsbild aus. Die Ablaufspuren stellen nicht zu akzeptierende Abweichungen dar.

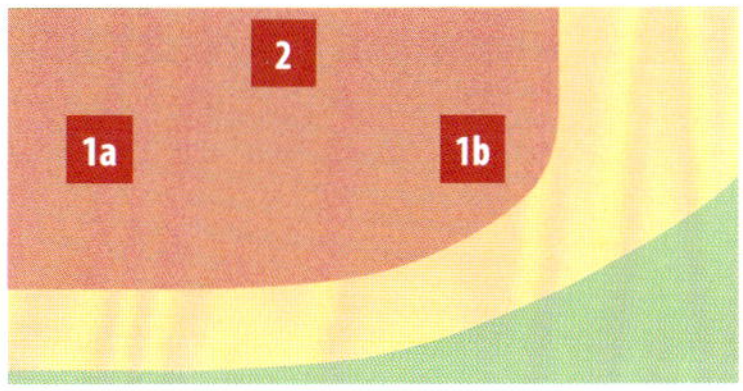

2 Mangelbeseitigung (nicht zu akzeptierende Abweichung)

Abb. 1.32: Ablaufspur unterhalb einer Fensterbank aus Kupfer

Abb. 1.33: Ablaufspur unterhalb einer Kupferverblechung

In Abb. 1.32 und 1.33 sind Beispiele von Ablaufspuren dargestellt, die von Abdeckungen aus Kupferblech ausgehen.

Im Fall von Abb. 1.32 handelt es sich um eine handwerklich gefertigte Fensterbank, deren Tropfkantenüberstand über die Wandoberfläche bei ca. 1 bis 2 cm liegt. An der Wandfläche sind Ablaufspuren vorhanden.

In Abb. 1.33 gehen die Ablaufspuren von der seitlichen Verblechung des Daches aus. Der Tropfkantenüberstand des Kupferbleches über die Fensterlaibung liegt bei ca. 1 cm.

Die Fensterbank liegt an der Nordfassade eines Einfamilienwohnhauses und ist von der Straße aus einsehbar. Der seitliche Dachabschluss ist vom Balkon der Dachgeschosswohnung zu betrachten. In beiden Fällen wirken sich die Ablaufspuren trotz unterschiedlicher Betrachtungsabstände auffällig auf das optische Erscheinungsbild aus.

Die betroffenen Fassadenflächen sind für das optische Erscheinungsbild als wichtig einzustufen. Die Ablaufspuren sind somit als nicht zu akzeptierende Abweichungen zu bewerten.

1.12 Außenputz mit Strukturabweichungen (1)

1 Ohne Abweichung (zu akzeptieren)

Bei einem Einfamilienhaus besteht der Oberputz des zweilagigen Außenputzes aus einem mineralischen Edelputz, der in Kellenstrichtechnik ausgeführt ist (siehe Abb. 1.34). Die hierbei entstehenden Muster und Strukturen in der Putzoberfläche sind relativ grob und weisen ein mehr oder weniger deutliches Relief auf.

Die Oberflächenstruktur ist bei Betrachtung aus gebrauchsüblichem Abstand auffällig und für die Fassade prägend. Unterschiede in der lebhaften Oberflächenstruktur innerhalb der jeweiligen Fassadenflächen liegen nur an einzelnen Stellen vor. Diese Stellen sind nur bei genauem Hinsehen aus nächster Nähe erkennbar (siehe Abb. 1.35).

Im vorliegenden Fall handelt es sich um die vereinbarte Oberflächenstruktur. Das auffällige Bild der Fassade ist daher ohne Abweichung.

Abb. 1.34: Außenputz als Kellenstrichputz mit auffälliger Oberfläche

Abb. 1.35: Nur bei genauem Hinsehen erkennbare Strukturabweichungen

Hinweis: Leichte Unterschiede in der lebhaften Oberflächenstruktur sind im Rahmen einer üblichen handwerklichen Ausführung nicht zu vermeiden und stellen daher keine Abweichung dar.

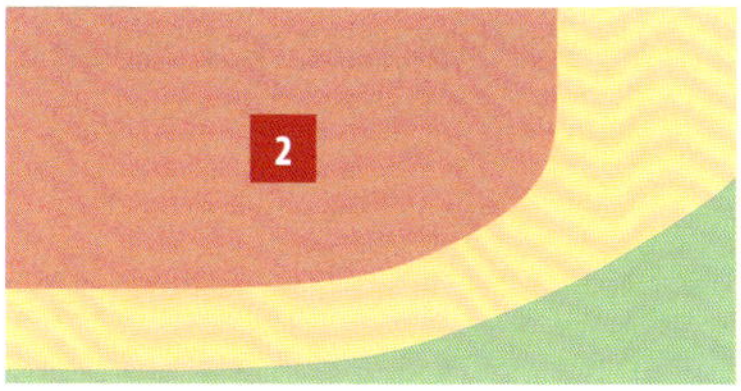

2 Mangelbeseitigung (nicht zu akzeptierende Abweichung)

Abb. 1.36: Gut sichtbare Strukturunterschiede über dem zweiten Obergeschoss

Die Eingangsfassade einer Wohnanlage ist mit einem Reibeputz in gleichmäßiger und feiner Kornstruktur ausgeführt. Über dem zweiten Obergeschoss zeichnen sich an 2 Stellen Strukturunterschiede in Form einer Anhäufung von gröberem Korn ab (siehe Abb. 1.36).

Die Eingangsfassade ist im Hinblick auf das optische Erscheinungsbild des Gebäudes als wichtig anzusehen. Die Strukturunterschiede sind in der ansonsten gleichmäßig strukturierten Fassade bei Betrachtung aus gebrauchsüblichem Abstand gut sichtbar. Der Grad der optischen Beeinträchtigung durch die Abweichung ist der Kategorie gut sichtbar zuzuordnen.

Es handelt sich um nicht zu akzeptierende Abweichungen, die durch eine vollflächige Überarbeitung der Putzoberfläche beseitigt werden müssen.

Hinweis: Strukturunterschiede in gleichmäßig fein strukturierten Putzoberflächen können bei üblicher handwerklicher Sorgfalt vermieden werden.

1.13 Außenputz mit Strukturabweichungen (2)

1 Bagatelle (zu akzeptierende Abweichung)

Die Fassaden eines mehrgeschossigen Wohngebäudes sind mit einem Reibeputz der Korngröße 3 mm bekleidet.

Im Sturzbereich eines Fensters der Erdgeschosswohnung sind an der unteren Kante des Jalousiekastens an 2 Stellen auf jeweils etwa 3 cm Länge Fehlstellen im Oberputz und dadurch bedingte Strukturunterschiede vorhanden (siehe Abb. 1.37 und 1.38).

Bei der betroffenen Fassadenseite handelt es sich um die Nordfassade des Gebäudes, an die sich eine bepflanzte Fläche anschließt, die nicht begangen werden kann. Die Fassade kann daher nur aus größerem Abstand betrachtet werden. Von diesem gebrauchsüblichen Abstand aus sind die Abweichungen nicht erkennbar.

Die Fassaden eines Wohngebäudes zählen zu den wichtigen Gestaltungselementen eines Gebäudes.

Das optische Erscheinungsbild wird nicht beeinträchtigt. Die dargestellten Abweichungen sind als Bagatelle zu akzeptieren.

Abb. 1.37: Putzfläche am Jalousiekasten (Übersicht)

Abb. 1.38: Strukturabweichungen an der unteren Kante (Detailansicht)

Hinweis: Einzelne, sehr kleine Fehlstellen im Kantenbereich von Außenputzen lassen sich auch bei üblicher handwerklicher Sorgfalt nicht sicher vermeiden.

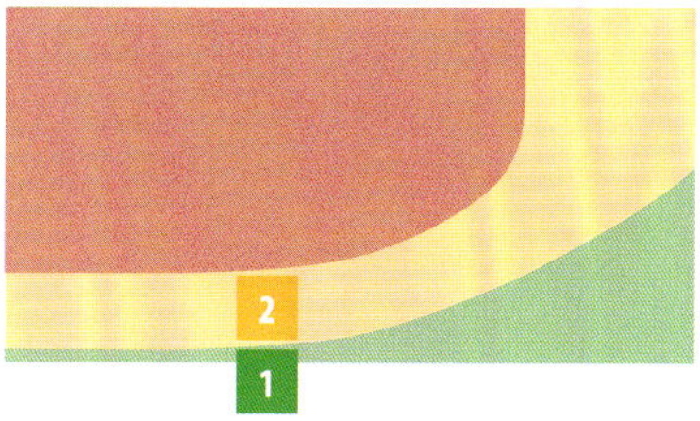

2 Mangelbeseitigung, eventuell Minderung (noch akzeptable Abweichung)

Abb. 1.39: Blick auf den Sturzbereich der Loggia

Abb. 1.40: Strukturabweichungen an der unteren Kante des Jalousiekastens (Detailansicht)

Am gleichen Gebäude ist im Sturzbereich der Loggia an der Westfassade der Erdgeschosswohnung eine weitere Stelle mit abweichender Putzstruktur vorhanden.

Auf einer Länge von etwa 5 cm und eine Höhe von etwa 1 cm fehlt an der unteren Kante des Jalousiekastens die strukturgebende Oberputzschicht, die glatte Oberfläche des Untergrundes wurde hier mit Fassadenfarbe beschichtet (siehe Abb. 1.39 und 1.40).

Der gebrauchsübliche Betrachtungsabstand zur Fassade ergibt sich im vorliegenden Fall aus dem Standort des Betrachters im Garten, unmittelbar vor der Loggia. Von dort aus sind die Abweichungen kaum erkennbar.

Die Fassaden eines Wohngebäudes zählen zu den wichtigen Gestaltungselementen eines Gebäudes.

Die dargestellten Abweichungen wirken sich kaum erkennbar auf das Gesamterscheinungsbild der Fassade aus und stellen eine noch akzeptable Abweichung dar. Im vorliegenden Fall wurde auf eine Nachbesserung verzichtet (vgl. Hinweis).

Hinweis: Bei der Nachbesserung von Putzfehlstellen lassen sich verbleibende Strukturabweichungen erfahrungsgemäß auch bei sorgfältiger Ausführung nicht vermeiden. Wird aber eine optische Verbesserung nicht erreicht und erscheint eine vollflächige Überarbeitung der Putzfassade aus technischer Sicht unverhältnismäßig, kann dies im Einzelfall eine Minderung begründen.

1.14 Außenputz mit Strukturabweichungen (3)

1 Bagatelle (zu akzeptierende Abweichung)

An einem mit feinkörnigem, glattem Putz abgesetzten Fassadensockel sind an einer Stelle geringfügige Unebenheiten in der Putzfläche vorhanden. Die Unebenheiten resultieren aus Spachtelschlägen, die bei der Ausführung des Sockelputzes nicht ausreichend egalisiert wurden (siehe Abb. 1.41 und 1.42).

Abb. 1.41: Sockel des Gebäudes

Die betroffene Sockelfläche liegt unmittelbar neben dem Eingang zum Gebäude. Der maßgebliche übliche Betrachtungsabstand ist somit die Standposition beim Betreten des Gebäudes. Aus dieser Position sind die Unebenheiten nur bei Streiflicht erkennbar. Bei Betrachtung unter diffusem Tageslicht sind die Unebenheiten nicht sichtbar.

Abb. 1.42: Detail der Unebenheiten

Die Fassaden im Eingangsbereich eines Wohngebäudes zählen hinsichtlich der Bedeutung des optischen Erscheinungsbildes zu den wichtigen Bereichen eines Gebäudes.

Das Aussehen der Fassade wird nur bei Streiflicht beeinträchtigt. Die dargestellten Abweichungen sind daher als Bagatelle zu akzeptieren.

Hinweis: Struktur- und Ebenheitsabweichungen an Putzoberflächen, die nur bei Streiflicht sichtbar werden, sind bei üblicher handwerklicher Ausführung kaum zu vermeiden. Sie stellen in der Regel zu akzeptierende Abweichungen dar.

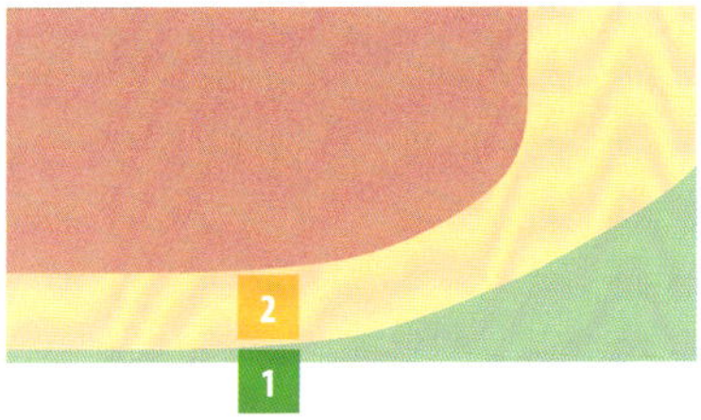

2 Mangelbeseitigung, eventuell Minderung (noch akzeptable Abweichung)

Abb. 1.43: Übergang Außenputz/Sockel (Übersicht)

Abb. 1.44: Detail der Unebenheiten

An der Südfassade zeigt sich im Außenputz neben dem bodentiefen Fensterelement einer Erdgeschosswohnung eine Unebenheit oberhalb des Sockels (siehe Abb. 1.43 und 1.44).

Vor der Südfassade des Gebäudes befinden sich zwischen öffentlicher Straße und Gebäude schmale Grünflächen, die nicht zur Benutzung durch die Bewohner vorgesehen sind. Die maßgebliche Betrachterposition ergibt sich somit vom öffentlichen Gehweg aus. Aufgrund des daraus resultierenden Abstandes zur Fassade ist die Abweichung bei diffusem Tageslicht kaum erkennbar.

Die Fassaden eines Wohngebäudes zählen zu den wichtigen Gestaltungselementen eines Gebäudes.

Die vorliegende Abweichung stört das optische Erscheinungsbild kaum erkennbar. Es handelt sich um eine noch akzeptable Abweichung. Im vorliegenden Fall wurde auf eine Nachbesserung verzichtet (vgl. Hinweis).

Hinweis: Bei der Nachbesserung von Putzflächen lassen sich verbleibende Strukturabweichungen erfahrungsgemäß auch bei sorgfältiger Ausführung nicht vermeiden. Wird aber eine optische Verbesserung nicht erreicht und erscheint eine vollflächige Überarbeitung der Putzfassade aus technischer Sicht unverhältnismäßig, kann dies im Einzelfall eine Minderung begründen.

1.15 Außenputz mit Strukturabweichungen (4)

1 Bagatelle (zu akzeptierende Abweichung)

An den Fassaden eines Einfamilienhauses wurde ein bestehendes Wärmedämm-Verbundsystem (WDVS) durch Aufbringen einer dünnschichtigen, einlagigen Armierungsspachtelung und einer Beschichtung mit Silikonharzfarbe überarbeitet.

Infolge des geringen Zuschlagsanteils der Spachtelmasse ergibt sich eine vergleichsweise glatte Oberflächenstruktur.

Auch bei Anwendung großer Sorgfalt lässt es sich dabei erfahrungsgemäß nicht vermeiden, dass Bearbeitungsspuren aus einer üblichen Betrachterposition erkennbar bleiben (siehe Abb. 1.45).

Wenn insgesamt ein gleichmäßiges Erscheinungsbild erreicht wird und damit die Störwirkung durch die Abweichungen kaum erkennbar bleibt, stellen derartige Bearbeitungsspuren – trotz des vorliegenden, als wichtig einzustufenden Erscheinungsbildes – eine zu akzeptierende Abweichung dar.

Abb. 1.45: Erkennbare Bearbeitungsspuren

Hinweis: Bei der Überarbeitung von Bestandsfassaden mit Armierungsspachtelung und Beschichtung ohne Aufbringen eines Oberputzes besteht bei bereits bestehenden Unebenheiten ein erhebliches Risiko, dass sich trotz sorgfältiger Ausführung der Arbeiten ein ungleichmäßiges Erscheinungsbild ergibt. In einem solchen Fall sollten immer ausreichend große Musterflächen angelegt und die Auftraggeberseite auf den o. g. Sachverhalt hingewiesen werden.

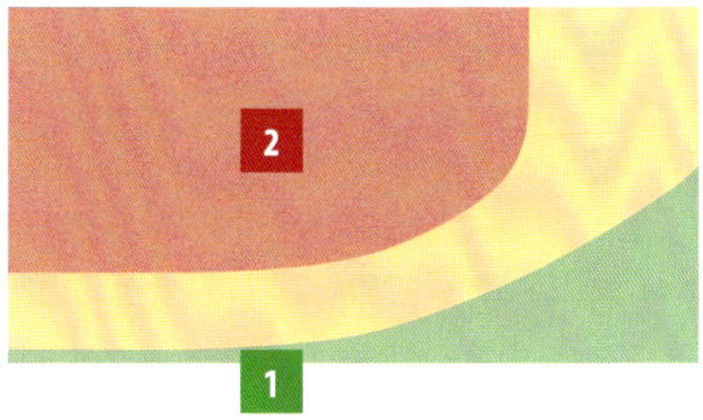

2 Mangelbeseitigung (nicht zu akzeptierende Abweichung)

Abb. 1.46: Strukturabweichung im Eckbereich einer Wandöffnung

Abb. 1.47: Strukturabweichung entlang einer Fassadenkante

An demselben Gebäude zeigen sich Fassadenbereiche mit deutlichen Strukturabweichungen, die auf eine mangelnde Sorgfalt bei der Ausführung hinweisen.

Es handelt sich dabei um Eckbereiche bei Wandöffnungen für Fenster, in denen nachträglich eine zusätzliche Diagonalarmierung eingebracht wurde (siehe Abb. 1.46) und um grobe Bearbeitungsspuren entlang einer Fassadenkante (siehe Abb. 1.47).

Der Grad der optischen Beeinträchtigung ist abhängig vom tageszeitlichen Wechsel der Belichtungsverhältnisse.

Die Unregelmäßigkeiten sind aus einer üblichen Betrachterposition, d. h. vom Gelände aus, im Tagesverlauf in ihrer Störwirkung meist als gut sichtbar zu bewerten und stellen demzufolge bei dem vorliegenden wichtigen Erscheinungsbild eine nicht zu akzeptierende Abweichung dar.

1.16 Außenputz mit Strukturabweichungen (Gerüstlagen)

1 Bagatelle (zu akzeptierende Abweichung)

Die Fassade einer insgesamt sechsgeschossigen Wohnanlage ist mit einem Wärmedämm-Verbundsystem (WDVS) bekleidet. Der Oberputz ist gerieben ausgeführt. Die verputzten Flächen sind überwiegend weiß, in Teilflächen farbig gestrichen.

An der Fassade über dem Eingangsbereich befinden sich größere zusammenhängende Putzflächen ohne Öffnungen bedingt durch die Anordnung der Fenster im Treppenhaus. Eine dieser Flächen zeigt auf etwa mittlerer Höhe eine waagerecht verlaufende Strukturgrenze auf Höhe einer Gerüstlage (siehe Abb. 1.48 und 1.49). Die Strukturunterschiede sind zurückzuführen auf ein unterschiedliches Zureiben des Oberputzes von der unteren Gerüstlage bzw. der nächsthöheren Gerüstlage aus.

Die Fassade ist in einer insgesamt einfachen Gestaltung gehalten und für das optische Erscheinungsbild als wichtig einzustufen. Die Störwirkung der durch das Gerüst bedingten Strukturabweichungen ist im Gesamterscheinungsbild des Gebäudes kaum erkennbar. Die Abweichung ist als Bagatelle zu bewerten.

Abb. 1.48: Größere geschlossene Fassadenfläche mit sichtbarer Strukturgrenze

Abb. 1.49: Strukturgrenze auf Höhe einer Gerüstlage

Hinweis: Fassadenflächen, die aufgrund ihrer Größe nicht in einem Arbeitsgang durchgängig hergestellt werden können, bergen das Risiko sichtbarer Abweichungen in den Übergangsbereichen einzelner Arbeitsabschnitte.

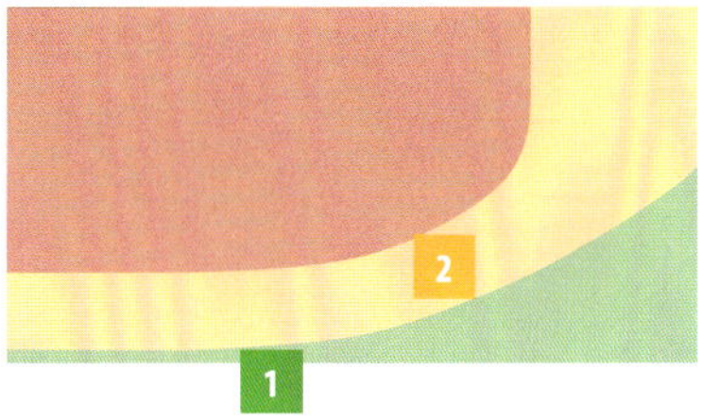

2 Mangelbeseitigung, eventuell Minderung (noch akzeptable Abweichung)

Abb. 1.50: Fassadenansicht mit Strukturabweichung im Verlauf einer Gerüstlage

Abb. 1.51: Oberputz mit sichtbar wolkiger Struktur

Ein mehrgeschossiges Verwaltungsgebäude mit einer gegliederten Fassade ist mit einem Wärmedämm-Verbundsystem (WDVS) ausgeführt. Der Oberputz hat eine Korngröße von etwa 3 mm und eine geriebene Struktur.

Auf der Rückseite des Gebäudes sind über dem Erdgeschoss Strukturabweichungen im Oberputz sichtbar, die sich in horizontaler Richtung über einen Großteil der Fassadenbreite erstrecken (siehe Abb. 1.50 und 1.51).

Die optische Beeinträchtigung durch die Strukturabweichungen ist im Zugangsbereich des Gebäudes bei unterschiedlichen Lichtverhältnissen (mit bzw. ohne direkte Besonnung) und aus verschiedenen Betrachtungswinkeln sichtbar.

Das Gewicht des optischen Erscheinungsbildes der Fassade als Rückfassade ist als eher unbedeutend einzustufen und die Abweichung aus diesem Grund als noch akzeptabel.

Hinweis: Deutlich erkennbare Strukturabweichungen sind häufig die Folge ungünstiger (z. B. witterungsbedingter) Randbedingungen bei der Ausführung des Oberputzes und lassen sich mit einem sorgfältigen Arbeitsablauf weitestgehend vermeiden.

1.17 Außenputz (WDVS) mit Struktur- und Ebenheitsabweichungen

1 Bagatelle (zu akzeptierende Abweichung)

Die Außenwände eines Neubaus, der an ein bestehendes Wohnhaus angebaut wurde, sind mit einem Wärmedämm-Verbundsystem (WDVS) mit Putzbeschichtung bekleidet. Der Oberputz ist glatt verrieben und mit weißer Fassadenfarbe gestrichen.

An den beiden Putzfassaden, die von der Straße aus einsehbar sind, können bei genauer und gezielter Betrachtung aus einer gebrauchsüblichen Betrachtungsposition geringfügige Struktur- und Ebenheitsabweichungen innerhalb der glatt verriebenen Putzoberfläche erkannt werden (siehe Abb. 1.52 und 1.53). Eine von diesen Unregelmäßigkeiten ausgehende Störwirkung ist für den objektiven Betrachter nicht erkennbar.

Auch wenn das optische Erscheinungsbild der betroffenen, von der Straße aus einsehbaren Fassaden als wichtig einzustufen ist, müssen die beanstandeten Abweichungen wegen der nicht erkennbaren Störwirkung akzeptiert werden. Sie stellen eine Bagatelle dar.

Abb. 1.52: Putzfassade eines WDVS mit geringfügigen Struktur- und Ebenheitsabweichungen

Abb. 1.53: Putzfassade eines WDVS mit Abweichungen ohne erkennbare Störwirkung

Hinweis: Eine absolut glatte und ebene Putzoberfläche hätte sich im vorliegenden Fall nur durch zusätzliche Maßnahmen sicher erzielen lassen (z. B. durch vollflächiges Schleifen und Spachteln der Fassade). Diese besonderen Leistungen hätten einer vertraglichen Vereinbarung bedurft.

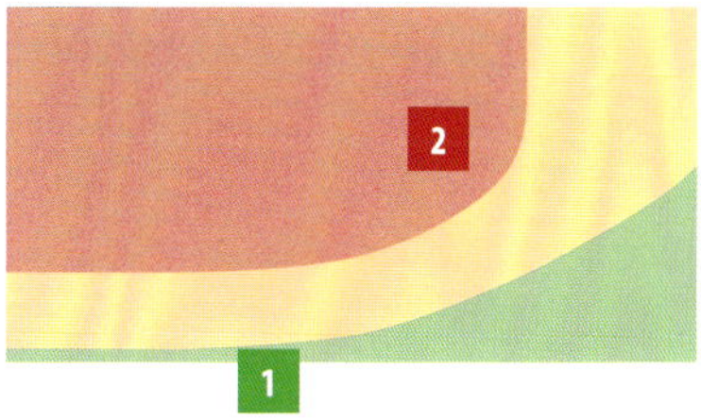

2 Mangelbeseitigung (nicht zu akzeptierende Abweichung)

Abb. 1.54: Strukturunterschiede in der WDVS-Putzfassade des Altbaus im Giebelbereich

Abb. 1.55: Detailaufnahme der Putzstrukturunterschiede im Giebelbereich des Altbaus

Im Zuge der baulichen Erweiterung durch den zuvor beschriebenen Anbau wurden die Außenwände des Altbaus ebenfalls mit einem WDVS versehen. Die Bekleidung besteht aus einem dünnschichten mineralischen Putzsystem. Der Oberputz wurde als Reibeputz ausgeführt.

Auf der straßenabgewandten Giebelseite zeigen sich Strukturunterschiede im Oberputz. Es gibt Teilflächen mit einer Anhäufung der Körnung und andere mit einer glatten, nahezu strukturlosen Oberfläche. Die daraus resultierenden Farbunterschiede – die Teilflächen mit einer strukturlosen Oberfläche erscheinen heller – sind aus einem gebrauchsüblichen Betrachtungsabstand gut zu erkennen (siehe Abb. 1.54 und 1.55).

Auch wenn das Gewicht des optischen Erscheinungsbildes der betroffenen Giebelfassade aufgrund der straßenabgewandten Lage als eher unbedeutend eingestuft werden kann, sind die Abweichungen in dieser Ausprägung wegen des Grades der optischen Beeinträchtigung (gut sichtbar) nicht mehr zu akzeptieren.

Hinweis: Der Gesamteindruck einer Putzoberfläche soll möglichst einheitlich sein. Eine Anhäufung von Körnung oder strukturlosen Stellen ist nur vereinzelt zulässig. Beschichtungen/Anstriche können Strukturunterschiede nicht oder nur sehr begrenzt ausgleichen.

1.18 Außenputz mit nachbesserungsbedingten Strukturabweichungen (1)

1 Bagatelle (zu akzeptierende Abweichung)

An einer der Fassaden eines hochwertigen Einfamilienwohnhauses waren nach Fertigstellung Strukturabweichungen im Außenputz festgestellt und beanstandet worden. Daraufhin wurden die betroffenen Stellen teilflächig nachgebessert. Diese Maßnahme brachte eine deutliche Verbesserung, sodass bei diffusem Tageslicht Abweichungen in der Putzstruktur kaum zu erkennen sind (siehe Abb. 1.56). Erst bei Streiflichteinfall werden Strukturunterschiede sichtbar.

Die betroffene Fassade ist unter Berücksichtigung der Tatsache, dass sie nur vom Garten aus einsehbar ist, als wichtig für das optische Erscheinungsbild einzuordnen. Bei normalen Lichtverhältnissen stören die kaum erkennbaren Strukturunterschiede das optische Erscheinungsbild äußerst gering. Es handelt sich um zu akzeptierende Abweichungen.

Abb. 1.56: Kaum erkennbare Strukturabweichungen an nachgebesserter Stelle

Hinweis: Nachgebesserte Putzoberflächen, die bei Einwirkung von Streiflicht absolut eben und schattenfrei erscheinen, sind handwerklich nicht ausführbar. Es kann aber erwartet werden, dass bei einer durchschnittlich sorgfältigen handwerklichen Ausführung eine Oberfläche erzielt wird, die frei von störenden Strukturunterschieden ist.

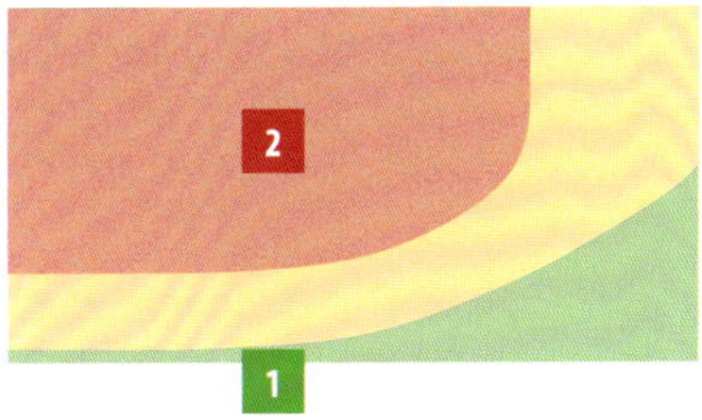

2 Mangelbeseitigung (nicht zu akzeptierende Abweichung)

Abb. 1.57: Abweichungen in der Putzstruktur infolge von Nachbesserung im Rissbereich

Abb. 1.58: Gut sichtbare Abweichung in der Putzstruktur infolge von Nachbesserung im Anschlussbereich zur Attikaabdeckung

Abb. 1.57 zeigt den oberen Abschluss der Eingangsfassade eines dreigeschossigen Wohngebäudes. Auf Höhe der Attika über dem zweiten Obergeschoss war ein vertikal verlaufender Riss neben der Fensteröffnung aufgetreten. Im Rissbereich wurde der Außenputz teilflächig nachgebessert. Die Nachbesserungsstelle ist wegen der von der übrigen Fläche abweichenden Putzstruktur aus gebrauchsüblicher Entfernung vom Gehweg aus gut sichtbar.

In Abb. 1.58 ist der Anschluss einer Attikaverblechung an die verputzte Außenwand dokumentiert. Im Zuge der Nachbesserung des ursprünglichen Anschlusses musste der Außenputz im Anschlussbereich neu hergestellt werden. Diese Stelle ist wegen des nachbesserungsbedingt entstandenen Strukturunterschiedes zur übrigen Fassadenfläche von der Dachterrasse aus gebrauchsüblicher Entfernung gut sichtbar.

In beiden Fällen ist das optische Erscheinungsbild der betroffenen Fassaden als wichtig einzustufen. Die Nachbesserungsstellen wirken sich gut sichtbar auf das Gesamterscheinungsbild aus und stellen folglich nicht zu akzeptierende Abweichungen dar.

1.19 Außenputz mit nachbesserungsbedingten Strukturabweichungen (2)

1 Bagatelle (zu akzeptierende Abweichung)

Bei einer Wohnanlage sind im Innenhof die Stellplätze rechtwinklig zur Fassade des Gebäudes angeordnet. Die Stellplätze reichen bis unmittelbar an die Außenwand, die mit einem Wärmedämm-Verbundsystem (WDVS) bekleidet ist.

Durch Unachtsamkeit der Stellplatzbenutzer kam es zu Beschädigungen an der Putzoberfläche der WDVS-Fassade. Die dünnschichtige Putzbekleidung musste daher instand gesetzt werden.

An den Übergängen zwischen den ursprünglich hergestellten Putzoberflächen und den nachträglich instand gesetzten Oberflächen sind Strukturabweichungen entstanden (siehe Abb. 1.59 und 1.60).

Abb. 1.59: Außenputz mit kaum erkennbaren Strukturabweichungen an Putzübergängen

Abb. 1.60: Kaum erkennbare Strukturabweichungen an einem Putzübergang

Die Strukturabweichungen an den Übergängen sind bei Betrachtung aus gebrauchsüblichem Abstand kaum erkennbar. Die Putzoberflächen sind frei von störenden Strukturunterschieden. Das optische Erscheinungsbild der Fassade ist im betroffenen Bereich nicht beeinträchtigt.

Die Fassade des Wohngebäudes zählt zu den wichtigen Gestaltungselementen. Unter Berücksichtigung der Putzausführung im Rahmen einer Instandsetzung stellen die kaum erkennbaren Abweichungen, die frei von störenden Strukturunterschieden sind, eine zu akzeptierende Abweichung dar.

Hinweis: Die dargestellten Strukturabweichungen wären bei einem Neubau nicht zu akzeptieren. Mit durchschnittlicher handwerklicher Sorgfalt können ansatzfreie und gleichmäßige Oberflächenstrukturen innerhalb einer zusammenhängenden Putzfläche ausgeführt werden.

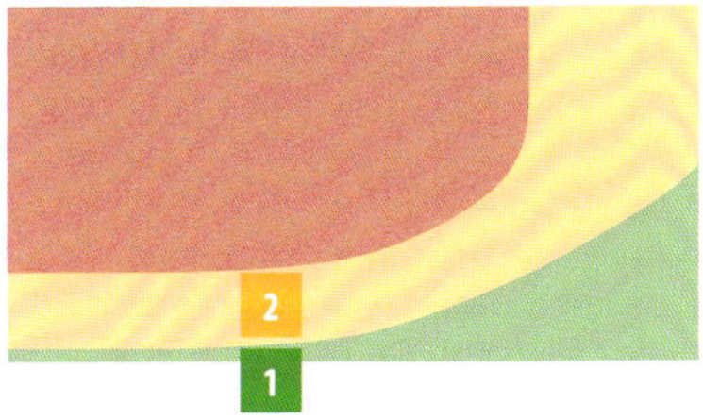

2 Mangelbeseitigung, eventuell Minderung (noch akzeptable Abweichung)

Abb. 1.61: Nachträglich ergänzter Außenputz an der Brüstung der Dachterrasse im Streiflicht

Abb. 1.62: Nachträglich ergänzter Außenputz an der Brüstung der Dachterrasse im diffusem Tageslicht

Bei einem dreigeschossigen Gebäude ist das Dachgeschoss als Staffelgeschoss zurückgesetzt ausgeführt. Die umlaufende Dachterrasse ist mit einer massiven Brüstung umschlossen. In Teilbereichen ist die Brüstung aus gestalterischen Gründen unterbrochen und durch Metallgeländer ersetzt.

An einer Stelle im ersten Obergeschoss musste aus Gründen des Bauablaufs die massive Brüstung ergänzt werden. Die nachträgliche Ergänzung umfasste auch die nachträgliche Ergänzung des Außenputzes.

An den Übergängen zwischen den ursprünglich hergestellten Putzoberflächen und den nachträglich hergestellten Oberflächen sind Strukturabweichungen entstanden, die bei Streiflicht gut sichtbar sind (siehe Abb. 1.61), bei diffusem Tageslicht hingegen kaum erkennbar (siehe Abb. 1.62).

Die Fassaden sind – wie im zuvor beschriebenen Beispiel der Wohnanlage – als wichtig einzuordnen. Die Störwirkung der Abweichungen ist unter Berücksichtigung der nur zeitweisen Belichtung der Fassaden im Streiflicht der Kategorie kaum erkennbar zuzuordnen. Die Abweichungen können daher als noch akzeptabel eingestuft werden.

Hinweis: Im Gegensatz zu den dem unter Ziffer 1 aufgeführten Beispiel handelt es sich hier um einen Neubau. Die Abweichungen können insofern nicht als Bagatelle bewertet werden.

1.20 Außenputz mit Unebenheiten im Streiflicht

1 Bagatelle (zu akzeptierende Abweichung)

Die Putzfassaden eines Einfamilienwohnhauses sind mit einem Kratzputz hergestellt.

An einem Rücksprung der Giebelfassade werden im Streiflicht des einfallenden Sonnenlichts Unebenheiten in der Putzoberfläche sichtbar. Die betroffene Fassade ist von der Terrasse aus einsehbar und für das optische Erscheinungsbild daher wichtig.

Die Unebenheiten sind nur in den frühen Nachmittagsstunden innerhalb einer Zeitspanne von bis zu einer halben Stunde sichtbar. In der übrigen Tageszeit erscheint die Putzfassade – sowohl im Schatten liegend als auch bei voller Sonneneinstrahlung – völlig eben. Die Überprüfung der Ebenheit hatte ergeben, dass die Ebenheitstoleranzen nach DIN 18202 eingehalten werden.

Abb. 1.63: Nur im Streiflicht erkennbare Unebenheiten an der Kratzputzfassade eines Wohnhauses

Abb. 1.63 zeigt die betroffene Putzfassade kurz vor Ende des Streiflichteinfalls. Während im unteren, noch im Streiflicht liegenden Wandbereich Putzunebenheiten sichtbar sind, erscheint die darüberliegende, bereits im Einfluss der Eigenbeschattung der Wand befindliche Putzfläche völlig frei von Ebenheitsabweichungen.

Wegen der nur bei Streiflicht kurzzeitig sichtbaren optischen Beeinträchtigung sind die vorhandenen, innerhalb der Toleranz liegenden Ebenheitsabweichungen als Bagatelle zu akzeptieren.

Hinweis: Bedingt durch die handwerkliche Herstellung lassen sich Ebenheitsabweichungen bei einer Kratzputzfassade üblicher Beschaffenheit nicht vollständig vermeiden. Abweichungen von der Ebenheit, die kurzzeitig und nur bei bestimmten Streiflichtverhältnissen sichtbar werden und zudem innerhalb der Toleranzen nach DIN 18202 liegen, stellen keinen optischen Mangel dar.

2 Bagatelle (zu akzeptierende Abweichung)

Abb. 1.64: Im Streiflicht zeigen sich Unebenheiten in der Putzfassade.

Abb. 1.65: Ohne Streiflichteinfall erscheint die Putzfassade glatt und eben.

An der Fassade eines mehrgeschossigen Wohnhauses zeigen sich an der glatten Putzoberfläche des Wärmedämm-Verbundsystems (WDVS) bei Streiflichteinfall Abweichungen von der Ebenheit (siehe Abb. 1.64). Diese sichtbaren Abweichungen treten im statistischen Mittel im Verlauf des Vormittags etwa jeden vierten Tag für die Dauer von etwa einer Stunde auf. In der übrigen Zeit erscheint die Putzfassade gleichmäßig und eben (siehe Abb. 1.65).

Die betroffene Putzfassade ist für das optische Erscheinungsbild als wichtig zu bewerten.

Die nur im Streiflicht sichtbaren Ebenheitsabweichungen stellen eine zu akzeptierende Abweichung dar, weil sie zum einen nur zeitlich eng begrenzt in Erscheinung treten und sich zum anderen im Rahmen der üblichen handwerklichen Sorgfalt auch kein wesentlich besseres Ergebnis hätte erzielen lassen.

Hinweis: Ein besseres Ergebnis wäre im vorliegenden Fall nur dann möglich gewesen, wenn zur Erzielung einer höheren Oberflächenqualität zusätzliche Maßnahmen als Besondere Leistungen vereinbart worden wären (z. B. vollflächiges Schleifen und Spachteln der Fassade).

1.21 Außenputz mit sichtbaren Übergängen

1 Mangelbeseitigung, eventuell Minderung (noch akzeptable Abweichung)

Abb. 1.66: Unebenheiten im farblich abgesetzten Sockelbereich

Die Sockelflächen der Fassade eines Mehrfamilienwohnhauses wurden nach Ausführung des Außenputzes erstellt. Die Außenwände wurden aus hochwärmegedämmten Ziegelmauerwerk ausgeführt. Der Sockel des Gebäudes, bestehend aus den Stahlbetonwänden des Kellergeschosses, wurde nachträglich gedämmt und verputzt. Der Oberputz des Betonsockels und des darüber befindlichen Ziegelmauerwerks sollte aus gestalterischen Gründen ohne Absätze und in der gleichen Feinstruktur erstellt werden. Der Sockel wurde lediglich farblich abgesetzt.

In Abb. 1.66 ist der Sockel des Gebäudes an der Nordfassade beispielhaft dokumentiert. Unterhalb der Sockellinie sind Unebenheiten an der Oberfläche erkennbar. Diese Unebenheiten sind bei Betrachtung aus gebrauchsüblichem Abstand unter diffusem Tageslicht sichtbar. Strukturunterschiede bestehen zwischen den einzelnen Flächen nicht.

Der Sockelbereich der Fassade liegt an der von den Hauseingängen und der Straße abgewandten Nordfassade. Das optische Erscheinungsbild dieser untergeordneten Fassade ist als eher unbedeutend einzustufen. Die Störwirkung durch die Abweichung ist in die Kategorie sichtbar einzuordnen. Folglich handelt es sich um noch akzeptable Abweichungen. Auf eine Beseitigung wurde im vorliegenden Fall daher verzichtet.

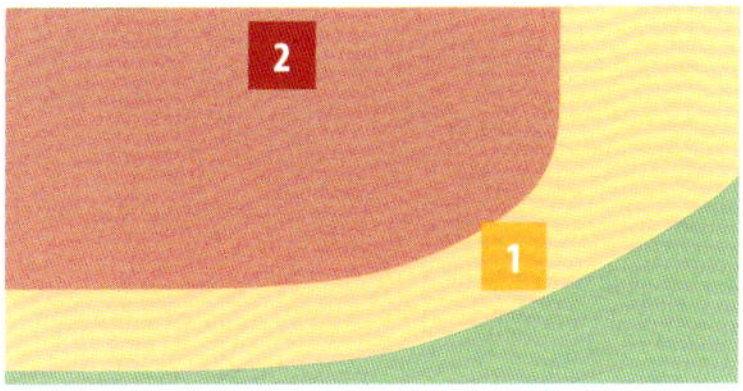

2 Mangelbeseitigung (nicht zu akzeptierende Abweichung)

Abb. 1.67: Deutlich sichtbare Ausbesserungsstellen

An der Westfassade eines mehrstöckigen Wohngebäudes waren Putzabplatzungen im oberen Bereich der Fassade aufgetreten. Bei der Instandsetzung wurden hohl liegende Putzflächen über mehrere Geschosse hinweg festgestellt. Die hohl liegende Putzbekleidung wurde daraufhin teilflächig entfernt und ein neuer Außenputz aufgetragen.

Bei den Putzanschlüssen an den Bestand sind Unebenheiten entstanden (siehe Abb. 1.67). Zudem hat der neu aufgebrachte Außenputz eine glatte Oberfläche, während die Oberflächenstruktur des alten Putzes rau ist. Auf eine Angleichung der Putzstruktur an den Bestand wurde nicht geachtet. Die Ausbesserungsstellen in den obersten Geschossen sind bei Betrachtung vom Gelände aus bereits aus großer Entfernung auffällig.

Die Fassade des frei stehenden und von Weitem einsehbaren Gebäudes ist für das optische Gesamterscheinungsbild als wichtig einzustufen

Die optische Beeinträchtigung durch die Abweichungen zwischen Bestandsputz und neuem Außenputz ist als auffällig zu bewerten. Die Abweichungen sind nicht zu akzeptieren.

Hinweis: Teilflächige Ausbesserungen von Putzfassaden sind auch bei sorgfältiger handwerklicher Ausführung nicht völlig ansatzfrei herzustellen. Auffällige Abweichungen, die das optische Erscheinungsbild der Fassaden wesentlich beinträchtigen, lassen sich allerdings in der Regel vermeiden.

1.22 Außenputz mit Befestigungsstellen für Gerüstanker

1 1 Ohne Abweichung (zu akzeptieren) – Bagatelle (zu akzeptierende Abweichung)

Für Arbeiten an Fassadenflächen mehrgeschossiger Gebäude werden üblicherweise Arbeits- und Schutzgerüste aufgestellt. Diese Arbeitsgerüste müssen aus Gründen der Standsicherheit in der tragenden Wandschale verankert werden. Im Zuge des Gerüstabbaus werden die Gerüstanker wieder entfernt. Die verbleibenden Gerüstankerlöcher müssen bei Putzfassaden schlagregendicht verschlossen werden.

Abb. 1.68: Außenputz mit Gerüstankerverschluss durch Kunststoffstopfen

Abb. 1.68 zeigt eine Putzfassade, bei der ein Gerüstankerloch mit einem Stopfen aus Kunststoff verschlossen wurde. Dieser ist bei Betrachtung vom Gelände aus kaum erkennbar. Der Gerüstankerverschluss fügt sich ohne Störungen in das optische Erscheinungsbild ein.

In dem in Abb. 1.69 dargestellten Fall erfolgte der Verschluss der beiden Ankerlöcher mit sandgefüllter Fugendichtmasse, die überstrichen wurde. Diese Gerüstankerverschlüsse sind bei Betrachtung vom Gelände aus sichtbar. Die Störwirkung im optischen Erscheinungsbild der Fassade ist aber äußerst gering.

Abb. 1.69: Außenputz mit Gerüstankerverschlüssen durch sandgefüllte Fugendichtmasse

Gerüstankerverschlüsse in Fassaden sind fester Bestandteil des optischen Erscheinungsbildes, da sie aus technischer Sicht nicht vermeidbar sind. Solange der Gerüstankerverschluss sich ohne Störungen in das Gesamtbild der Fassade einfügt, liegt keine Abweichung vom üblichen Erscheinungsbild von Fassaden vor. Der in Abb. 1.68 dargestellte Gerüstankerverschluss ist daher zu akzeptieren.

Die in Abb. 1.69 dargestellten sichtbaren Abweichungen beeinträchtigen das als wichtig einzustufende Erscheinungsbild der Fassaden äußerst gering. Diese Abweichungen sind als Bagatellen zu akzeptieren (vgl. Position 1b in der Bewertungsgrafik).

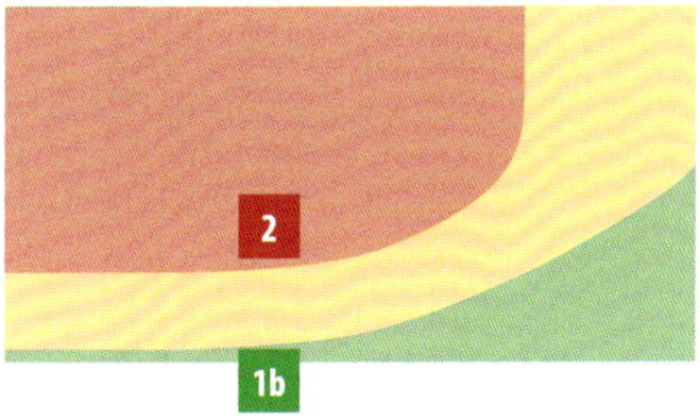

2 Mangelbeseitigung (nicht zu akzeptierende Abweichung)

Abb. 1.70: Aus der Putzoberfläche hervorstehender Gerüstankerverschluss

Abb. 1.71: Gerüstankerverschluss mit sichtbaren Strukturunterschieden

Der in Abb. 1.70 dargestellte Gerüstankerverschluss wurde mit einem Kunststoffstopfen und einer nachfolgenden Überarbeitung mit Putz ausgeführt. Der Kunststoffstopfen schließt nicht oberflächenbündig an den Fassadenputz an, sondern steht etwas hervor. Die nachträgliche Überarbeitung erfolgte gegenüber den angrenzenden Putzflächen mit gröberer Struktur.

In Abb. 1.71 ist ein Gerüstankerverschluss in einer feinkörnigen Putzoberfläche dargestellt. Die Oberflächenstruktur des mit Putz verschlossenen Gerüstankerloches ist deutlich grobkörniger als die angrenzenden Putzoberflächen.

In beiden Fällen fügen sich die Gerüstankerverschlüsse nicht störungsfrei in das Gesamtbild der Fassade ein. Der Grad der optischen Beeinträchtigung ist der Kategorie sichtbar zuzuordnen.

Die betroffenen Fassaden zählen zu den wichtigen Gestaltungselementen. Die dargestellten Gerüstankerverschlüsse sind daher als nicht zu akzeptierende Abweichungen einzuordnen.

1.23 Außenputz mit Rissen beim Anschluss an Balkonplatten

1 Bagatelle (zu akzeptierende Abweichung)

Im mehrgeschossigen Wohnungsbau werden Balkone häufig aus Stahlbetonfertigteilen hergestellt und der Außenputz wird ohne Trennung direkt an die Unterseite der Balkonplatte angeschlossen.

Abb. 1.72: Riss im Anschluss zwischen Außenputz und Balkonuntersicht

Abb. 1.72 zeigt das Beispiel eines solchen Putzanschlusses. Zwischen Außenputz und Balkonuntersicht ist ein schmaler Riss aufgetreten, der überwiegend im direkten Anschlussbereich verläuft. An einzelnen Stellen liegt der Riss im Außenputz, knapp neben dem unmittelbaren Anschluss zur Balkonuntersicht.

Der Anschlussbereich zwischen Außenputz und Balkonuntersicht ist für das Gesamterscheinungsbild als wichtig einzustufen. Bei Betrachtung aus gebrauchsüblichem Abstand – hier vom Balkon aus – beeinträchtigt der schmale, kaum erkennbare Riss das optische Erscheinungsbild nur gering.

Der Riss ist als Bagatelle zu akzeptieren.

Hinweis: Zur Vermeidung unkontrollierter Rissbildungen muss eine konstruktive Trennung zwischen Außenputz und Balkonplatte hergestellt werden, beispielsweise durch Kellenschnitt. Die auf diese Weise hergestellte Fuge zwischen Außenputz und Balkonuntersicht wirkt in optischer Hinsicht wie ein geradliniger Riss.

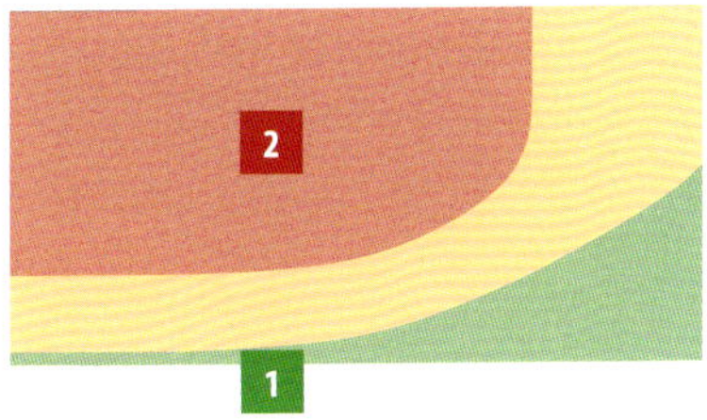

2 Mangelbeseitigung (nicht zu akzeptierende Abweichung)

Abb. 1.73: Riss im Außenputz unterhalb des Anschlusses an die Stahlbetonkragplatte eines Balkons

Abb. 1.73 zeigt den Anschluss des Außenputzes an die Balkonuntersicht an einer anderen Stelle des gleichen Bauvorhabens.

Dort hat sich im Abstand von etwa 10 mm zur Balkonuntersicht ein Riss im Außenputz gebildet. Der Riss verläuft nicht in der Anschlusskehle und ist bei Betrachtung aus gebrauchsüblichem Abstand gut sichtbar. Der Anschlussbereich zwischen Außenputz und Balkonuntersicht ist für das Gesamterscheinungsbild als wichtig einzustufen.

Die Rissbildung beeinträchtigt das optische Erscheinungsbild gut sichtbar und stellt eine nicht zu akzeptierende Abweichung dar.

Hinweis: Risse bei Putzanschlüssen an Balkonuntersichten können nur durch eine konstruktive Trennung zwischen Außenputz und Balkonuntersicht sicher vermieden werden. Neben dem sog. Kellenschnitt kommen hier auch Trennstreifen bzw. Trennlagen und Putzanschlussprofile zur Anwendung.

1.24 Außenputz mit Rissen beim Anschluss an Holzbauteile

1 Mangelbeseitigung, eventuell Minderung (noch akzeptable Abweichung)

Für den traufseitigen Abschluss des Steildaches über einem Mehrfamilienwohnhaus wurden zwischen den Sparren Stellbretter eingebaut. Die Außenwand ist mit einem Reibeputz bekleidet, der ohne Trennung an die Sparren und die Stellbretter anschließt.

Im Anschluss des Außenputzes an die Traufbretter zeigen sich Risse, die teilweise im unmittelbaren Anschlussbereich und teilweise in einem Abstand von wenigen Millimetern unterhalb der Brettkante in der Putzbekleidung verlaufen (siehe Abb. 1.74).

Der betroffene Dachüberstand ist von einer Dachterrasse aus einsehbar. Die feinen Risse sind von dort aus kaum erkennbar.

Abb. 1.74: Putzanschluss mit Rissen (Detail)

Der Dachüberstand ist für die unmittelbar unter der Traufe liegende Dachterrasse ein wichtiges Merkmal des optischen Erscheinungsbildes. Da die Risse das optische Erscheinungsbild nur kaum erkennbar stören, können sie als noch akzeptable Abweichung eingestuft werden.

Im vorliegenden Fall wurden die Risse nachgebessert, weil der Dachüberstand insgesamt überarbeitet werden musste.

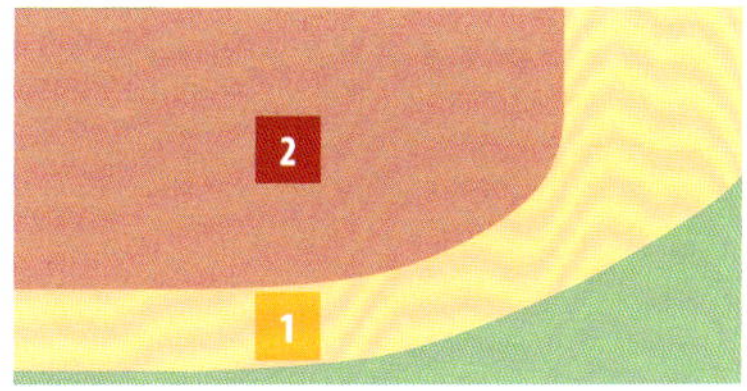

2 Mangelbeseitigung (nicht zu akzeptierende Abweichung)

Abb. 1.75: Rissbildungen am Übergang zu den Traufbrettern

Abb. 1.76: Detailaufnahme der Risse beim Putzanschluss an die Stellbretter

Beim zuvor beschriebenen Putzanschluss an die Stellbretter sind auch breitere Risse entstanden (siehe Abb. 1.75). Die untere Kante des Traufbrettes ist gegenüber der Oberfläche des Außenputzes um wenige Millimeter nach außen versetzt (siehe Abb. 1.76).

Von der Dachterrasse des Wohngebäudes aus sind die Rissbildungen gut sichtbar. Der Dachüberstand ist für die unmittelbar unter der Traufe liegende Dachterrasse ein wichtiges Merkmal des optischen Erscheinungsbildes.

Die Abweichungen stören das optische Erscheinungsbild gut sichtbar, sind daher nicht zu akzeptieren und müssen beseitigt werden.

Hinweis: Anschlüsse des Außenputzes an Holzbauteile müssen mit einer konstruktiven Trennung beider Materialien ausgeführt werden, um das Risiko von Rissen und Abplatzungen im Außenputz zu vermeiden.

1.25 Außenputz mit Rissen beim Putzanschluss an das Fenster

1 Bagatelle (zu akzeptierende Abweichung)

In Abb. 1.77 ist ein geradliniger Anschluss des Außenputzes an den Blendrahmen bzw. die Rollladenführungsschiene eines Fensters zu sehen, der unter Verwendung eines Trennstreifens hergestellt wurde. Dadurch entsteht im direkten Anschlussbereich ein schmaler Spalt, der optisch als feiner Riss wahrgenommen wird.

Abb. 1.78 zeigt einen geradlinigen Anschluss, der einen schmalen, parallel zur Rollladenführungsschiene über die gesamte Höhe des Fensters verlaufenden Riss aufweist. Der eingelegte Trennstreifen wurde im Zuge der Beschichtungsarbeiten an der Fassade überstrichen.

In beiden Fällen handelt es sich um Fenster im zweiten Obergeschoss, die von außen nur vom Gelände aus einsehbar sind.

Die Risse sind bei Betrachtung aus gebrauchsüblichem Abstand kaum erkennbar. Die Störwirkung der Risse auf das wichtige optische Erscheinungsbild der Fassade ist äußerst gering. Die Abweichungen sind als Bagatelle zu bewerten und daher zu akzeptieren.

Abb. 1.77: Geradliniger Anschluss mit kaum erkennbarem Riss

Abb. 1.78: Geradliniger, schmaler Riss am Anschluss

Hinweis: Putzanschlüsse können z. B. durch Kellenschnitt oder Trennstreifen getrennt werden, um eine unkontrollierte Rissbildung zu vermeiden. Der hierbei entstehende Spalt zwischen Außenputz und Fensterrahmen wirkt in optischer Hinsicht wie ein geradliniger, parallel zum Blendrahmen des Fensters verlaufender Riss.

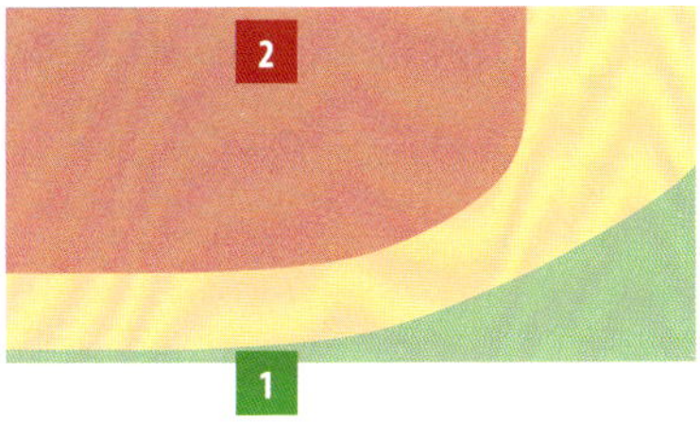

2 Mangelbeseitigung (nicht zu akzeptierende Abweichung)

Abb. 1.79: Außenputzanschluss an Fensterrahmen mit Riss

Abb. 1.80: Rissdetail

Abb. 1.79 zeigt den Putzanschluss an den Blendrahmen einer Balkontür. Der Putzanschluss wurde mit einer Anputzleiste ausgeführt. Im Anschluss treten sowohl Risse zwischen der Anputzleiste und dem Außenputz als auch an den Stoßstellen der Anputzleiste auf (siehe Abb. 1.80). Die Rissbreiten liegen bei etwa 0,4 bis 0,5 mm.

Aufgrund der Balkonnutzung ist der übliche Betrachtungsabstand klein. Die Rissbildungen beeinträchtigen infolgedessen das wichtige optische Erscheinungsbild der Fassade auffällig.

Es liegt eine nicht zu akzeptierende Abweichung vor.

Hinweis: Anputzleisten werden von den Produktherstellern in Längen angeboten, die bei üblichen Fenstergrößen den Einbau ohne Stoßstellen in den Laibungen ermöglichen. Stoßstellen und nachfolgende Risse können damit vermieden werden.

1.26 Außenputz mit Unregelmäßigkeiten beim Anschluss an Holzbauteile

1 Ohne Abweichung (zu akzeptieren)

Das Außenmauerwerk eines zweigeschossigen Einfamilienwohnhauses ist außenseitig mit einem feinkörnigen Reibeputz bekleidet. Sparren und Dachuntersichtschalung sind in Sichtholz ausgeführt.

Der Anschluss des Außenputzes an Sparren und Dachuntersichtschalung erfolgte durch Einlage eines Trennstreifens. Es ergibt sich ein schmaler, geradliniger und gleichmäßiger Anschluss zwischen Außenputz und Holzbauteilen (siehe Abb. 1.81).

Der dargestellte Anschluss fügt sich störungsfrei in das optische Erscheinungsbild der Fassade ein. Abweichungen liegen nicht vor.

Abb. 1.81: Geradliniger und gleichmäßiger Putzanschluss

Hinweis: Anschlüsse zwischen Außenputz und Holzbauteilen müssen so geplant und ausgeführt werden, dass durch die zu erwartenden last- und materialbedingten Verformungen der anschließenden Bauteile keine Schäden auftreten. Die Trennung von Putz und Holzbauteilen kann – so wie im vorliegenden Fall – durch den Einbau eines Trennstreifens hergestellt werden. Zu empfehlen ist die Ausführung einer etwas breiteren Fuge, die bei der Putzausführung durch Kellenschnitt hergestellt werden kann.

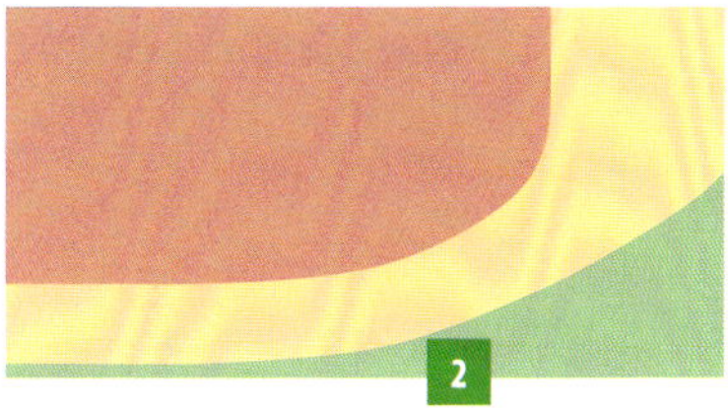

2 Bagatelle (zu akzeptierende Abweichung)

Abb. 1.82: Ungleichmäßiger Putzanschluss

Auf der Nordseite desselben Objektes ist beim Putzanschluss an die Dachschalung eine blaue Folie zu erkennen. Die Anschlussfuge ist ungleichmäßig und variiert in der Breite (siehe Abb. 1.82). Bei der blauen Folie handelt es sich um den Trennstreifen zwischen Holz und Außenputz.

Die Nordfassade des Wohnhauses ist nur von einem schmalen, ca. 3 m breiten Grünstreifen aus einsehbar. Von dort aus sind die Unregelmäßigkeit des Putzanschlusses und der etwas hervorstehende Trennstreifen (blaue Folie) kaum erkennbar.

Die Nordfassade ist für das optische Erscheinungsbild des Gebäudes aufgrund der eingeschränkten Einsehbarkeit als eher unbedeutend einzustufen.

Die kaum erkennbare Abweichung stört das optische Erscheinungsbild der Fassade nur gering und ist daher als Bagatelle zu akzeptieren.

Hinweis: Die Bewertung resultiert aus der einzelfallabhängigen Gewichtung (Bedeutung der Nordfassade für das optische Erscheinungsbild). An einer gut einsehbaren und für das optische Erscheinungsbild wichtigen Dachuntersicht (z. B. vom Balkon aus) läge keine Bagatelle vor.

1.27 Außenputz mit Fehlstellen an Rohrdurchführungen

1 Mangelbeseitigung, eventuell Minderung (noch akzeptable Abweichung)

Im Kellergeschoss einer Wohnanlage sind die Entwässerungsleitungen sichtbar unterhalb der Decke verlegt und auch durch die Wände geführt. Im Verlauf der Wanddurchführungen sind die Rohrleitungen mit einem Trennstreifen ummantelt. Der Wandputz wurde an die Rohrummantelung angearbeitet und der Trennstreifen dann putzbündig abgeschnitten (siehe Abb. 1.83).

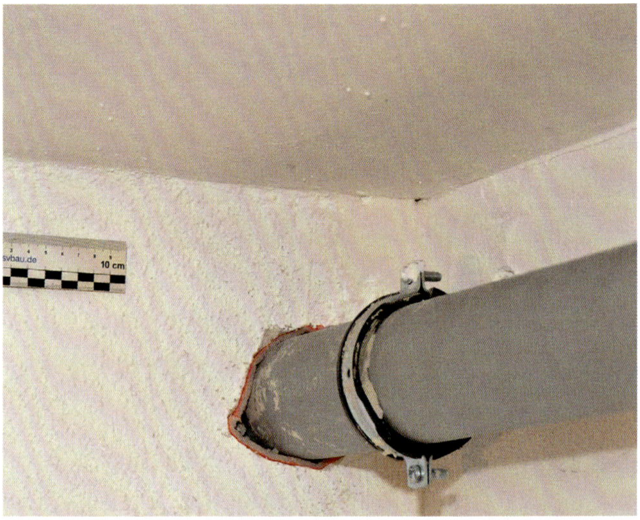

Abb. 1.83: Rohrdurchführung mit sichtbarer Schallschutztrennlage

Die Anschlussfuge zwischen der Putzbekleidung und der Rohrleitung ist ungleichmäßig breit und nur teilweise mit der Trennlage gefüllt. An der Oberfläche ist die Fuge nicht verschlossen.

Die ungleichmäßige Fugenausbildung stört aus gebrauchsüblichem Betrachtungsabstand das optische Erscheinungsbild gut sichtbar.

Das Gewicht des optischen Erscheinungsbildes ist für den Kellerbereich mit untergeordneter Funktion (Kellerräume, Technikräume, Zugänge zu den Kellerräumen) als unwichtig einzustufen.

Die Abweichung ist noch akzeptabel.

Hinweis: Putzanschlüsse im Verlauf von Trennfugen können bei handwerklich sorgfältiger Vorbereitung, z. B. mit einer Fugeneinlage, mit einer gleichmäßigen Putzflanke im Fugenverlauf hergestellt werden.

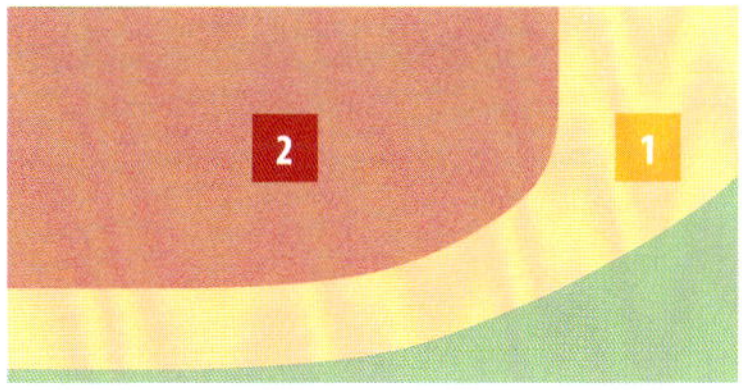

2 Mangelbeseitigung (nicht zu akzeptierende Abweichung)

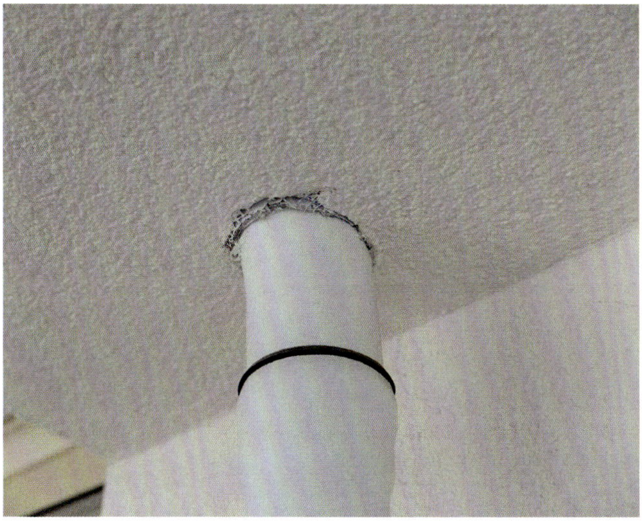

Abb. 1.84: Rohrdurchführung mit sichtbarer Trennlage

In einer Wohnanlage sind die Balkone teilweise in Nischen zurückversetzt und teilweise vor der Fassade auskragend ausgeführt. Die Balkonuntersichten sind wärmegedämmt und verputzt. Die zur Balkonentwässerung eingebauten Bodenabläufe sind in den Nischen der Balkone angeordnet. Die Abläufe sind an Fallleitungen angeschlossen, die über alle Geschosse durchlaufen und dabei die Balkonplatten durchdringen.

Putz und Wärmedämmung wurden an die durchgeführten Fallrohre angeschlossen. Um einen direkten Kontakt zu vermeiden, wurden um die Fallrohre Trennstreifen gewickelt. Diese sind von unten sichtbar (siehe Abb. 1.84).

Bei der Anarbeitung der Putzbekleidung wurde keine gleichmäßig breite umlaufende Trennfuge ausgeführt. Die eingelegte Trennlage bleibt in Abhängigkeit von der variierenden Breite der Fuge teilweise sichtbar. Der Grad der optischen Beeinträchtigung ist in die Kategorie gut sichtbar einzuordnen.

Das Gewicht des optischen Erscheinungsbildes ist für den Fall der Balkone als wichtig einzustufen.

Die Abweichung ist nicht zu akzeptieren.

Hinweis: Für eine optisch einwandfreie Ausführung von Rohrdurchführungen empfiehlt sich die Anordnung von planmäßig offenen Schattenfugen oder planmäßig mit Fugendichtstoff verschlossenen Fugen. Die Fugen müssen eine optisch einheitliche Breite aufweisen.

1.28 Sockelputz mit sichtbaren Bearbeitungsspuren

1 Bagatelle (zu akzeptierende Abweichung)

Außenanlagen werden häufig über einen Traufstreifen an die Sockelflächen der Gebäudefassaden angeschlossen. Sockelputze erfordern im erdberührten Bereich in der Regel eine Abdichtung gegen Feuchteeinwirkungen. Derartige Abdichtungen können mit mineralischen Dichtungsschlämmen ausgeführt werden.

In Abb. 1.85 ist ein derartiger Anschluss dargestellt. Bei Betrachtung aus gebrauchsüblichem Abstand wirkt der Sockelputz einheitlich und gleichmäßig strukturiert. Bei genauem Hinsehen werden Strukturunterschiede am unteren Ende des Sockelputzes, am Übergang zum Traufstreifen sichtbar (siehe Abb. 1.86). Der Sockelputz weist eine gleichmäßige, feinraue Struktur auf. Im unteren Bereich sind lang gezogene, streifenförmige Abzeichnungen vorhanden. Diese Struktur resultiert aus dem Auftrag einer Dichtungsschlämme mit Bürste, die in horizontaler Richtung geführt wurde.

Der Sockel der Fassade ist als wichtiger optischer Bestandteil von Fassaden einzustufen.

Der aus gebrauchsüblichem Abstand kaum erkennbare Strukturunterschied im unteren Bereich des Sockels stört das optische Erscheinungsbild nicht. Die Abweichung stellt daher eine Bagatelle dar.

Abb. 1.85: Sockelputz mit Bearbeitungsspuren im Anschluss an den Traufstreifen

Abb. 1.86: Detail der Bearbeitungsspuren im Anschluss an den Traufstreifen

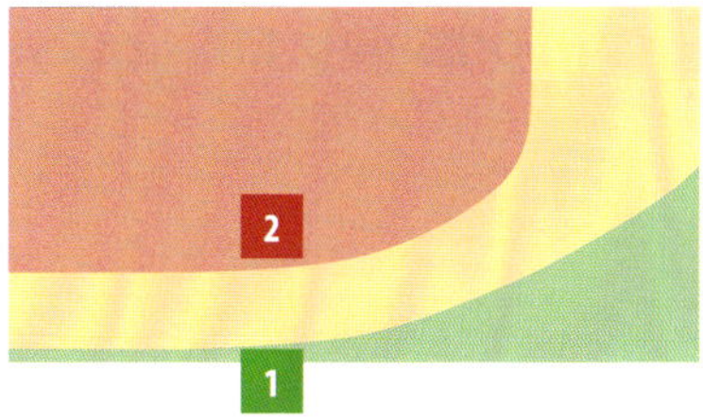

2 Mangelbeseitigung (nicht zu akzeptierende Abweichung)

Abb. 1.87: Sockelputz mit lang gezogenen, streifenförmigen Abzeichnungen

Abb. 1.88: Sockelputz mit sichtbaren Bearbeitungsspuren

An der zuvor beschriebenen Wohnanlage sind an anderen Fassaden Sockelflächen vorhanden, an denen die lang gezogenen, streifenförmigen Abzeichnungen nicht nur auf größeren Flächen, sondern auch in einer ausgeprägteren Form mit deutlich stärkeren Erhebungen festzustellen sind (siehe Abb. 1.87 und 1.88).

Diese Störung der Oberflächenstruktur weicht von der ansonsten gleichmäßigen und feinrauen Oberfläche des Sockels deutlich ab und ist bei Betrachtung aus gebrauchsüblichem Abstand als sichtbar einzustufen.

Die hier vorliegenden Abweichungen in der Oberflächenstruktur sind nicht zu akzeptieren.

Hinweis: Unterschiede zwischen Sockelflächen mit und ohne Putzabdichtung sind nicht vermeidbar. Für ein optisch zufriedenstellendes Erscheinungsbild kann ein definierter Übergang zwischen Sockelflächen mit und Sockelflächen ohne Dichtungsschlämme in einer Höhe von 5 cm über Geländeoberkante bewusst sichtbar ausgeführt werden.

1.29 Sockelputz mit sichtbaren Übergängen bei Instandsetzung

1 Bagatelle (zu akzeptierende Abweichung)

An einer größeren Wohnanlage sind aufgrund einer unzureichenden Sockelputzabdichtung im Laufe der Zeit an mehreren Stellen großflächige feuchtebedingte Putzabplatzungen aufgetreten. Im Zuge der Instandsetzung wurden die geschädigten Putzflächen entfernt und neu wiederhergestellt.

An den Übergängen der bestehenden Putzflächen und der instand gesetzten Putzflächen entstanden Strukturunterschiede, die in Abb. 1.89 und 1.90 dargestellt sind.

Die betroffene Sockelfläche liegt unmittelbar neben dem Eingang zum Gebäude. Der maßgebliche übliche Betrachtungsabstand ist somit die Standposition beim Betreten des Gebäudes. Aus dieser Position sind die Übergänge in der Oberflächenstruktur kaum erkennbar.

Die Sockelflächen neben dem Hauseingang sind wichtig für das optische Erscheinungsbild der Fassade.

Die Störwirkung der kaum erkennbaren Abweichungen ist unter Berücksichtigung der Ausführung einer Instandsetzung als Bagatelle zu akzeptieren.

Abb. 1.89: Sockelputz mit kaum erkennbaren Übergängen an den instand gesetzten Flächen

Abb. 1.90: Detail der Übergänge an den Rändern der Instandsetzung

Hinweis: Die dargestellten Strukturabweichungen wären bei einem Neubau nicht zu akzeptieren. Mit durchschnittlicher handwerklicher Sorgfalt können ansatzfreie und gleichmäßige Oberflächenstrukturen innerhalb einer zusammenhängenden Putzfläche ausgeführt werden.

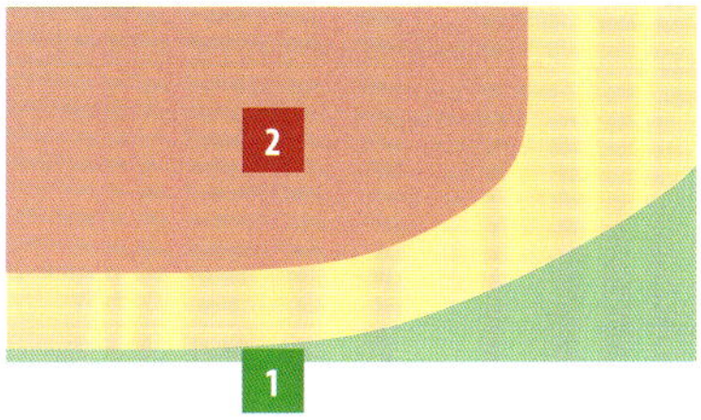

2 Mangelbeseitigung (nicht zu akzeptierende Abweichung)

Abb. 1.91: Ansatz der Instandsetzungsstelle gut sichtbar

Abb. 1.92: Sockelputz mit gut sichtbaren Ansatzstellen

An anderen Sockelflächen der zuvor beschriebenen Wohnanlage sind an instand gesetzten Stellen Übergänge deutlich sichtbar.

Sowohl in Abb. 1.91 als auch in Abb. 1.92 weist die Putzoberfläche im Bereich der instand gesetzten Stelle eine größere Dicke als die angrenzenden Flächen auf. Die Ansätze der Instandsetzungsstellen zeichnen sich deutlich ab.

Die Fassadensockel schließen in beiden Fällen an die Zuwegungen zum Gebäude an. Die übliche Betrachterposition befindet sich nahe der Sockelflächen. Die Putzansätze sind bei Betrachtung aus diesem Abstand gut sichtbar. Der Grad der optischen Beeinträchtigung durch die Abweichung entspricht der Kategorie gut sichtbar.

Die Abweichungen sind auch für eine Instandsetzungsmaßnahme nicht zu akzeptieren.

Hinweis: Teilflächige Ausbesserungen von Sockelputzen sind auch bei sorgfältiger handwerklicher Ausführung nicht völlig ansatzfrei herzustellen. Auffällige Abweichungen, die das optische Erscheinungsbild der Fassaden wesentlich beeinträchtigen, lassen sich allerdings vermeiden.

1.30 Metall-Fassadenbekleidung mit Verformungen

1 Ohne Abweichung (zu akzeptieren)

Die Fassaden eines Parkhauses bestehen aus einer kassettenartigen Metallbekleidung aus Lochblech-Einzelelementen. Die Elemente sind an den abgekanteten Seitenflächen der Kassetten mit Verschraubungen befestigt.

Durch die Anordnung der Elemente mit einem Abstand von ca. 2 cm ergibt sich ein streng geometrisch geordnetes Erscheinungsbild. Abb. 1.93 zeigt einen Fassadenabschnitt ohne Abweichung.

Die Gestaltung der Fassade mit den einzelnen Elementen ist für das Gesamterscheinungsbild wichtig.

Abb. 1.93: Metall-Fassadenbekleidung in kassettenartiger Ausführung ohne Abweichung

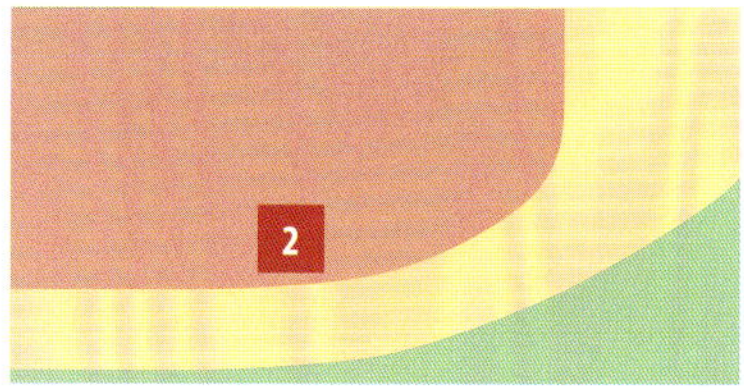

2 Mangelbeseitigung (nicht zu akzeptierende Abweichung)

Abb. 1.94: Elemente mit Verwölbungen im Randbereich

In Teilbereichen der Fassade weisen die Kassetten Verwölbungen in den Randbereichen auf (siehe Abb. 1.94). Diese Erscheinungen sind bei der Herstellung der Fassadenelemente durch das Kanten der Bleche entstanden.

Da große Teile der Fassadenflächen beanstandungsfrei sind, ist davon auszugehen, dass die Abweichungen bei sorgfältiger Herstellung vermeidbar gewesen wären.

Die Abweichungen sind aus einem betrachtungsüblichen Abstand in ihrer Störwirkung sichtbar. Das Gewicht der Fassadenelemente für das optische Erscheinungsbild ist als wichtig einzustufen. Es liegt somit eine nicht zu akzeptierende Abweichung vor.

Zur Mangelbeseitigung ist es erforderlich, die Einzelelemente mit Verwölbungen auszutauschen.

1.31 Gespachtelte Betonbauteile mit Unebenheiten (1)

1 Mangelbeseitigung, eventuell Minderung (noch akzeptable Abweichung)

An den Außenseiten von Balkonbrüstungen, die im Zuge von Betoninstandsetzungsarbeiten an den Fassaden überarbeitet wurden, sind bei Betrachtung aus gebrauchsüblichem Abstand Unebenheiten an den Bauteiloberflächen erkennbar (siehe Abb. 1.95).

Die ursprüngliche Oberfläche wurde nach der Untergrundvorbereitung zuerst mit einem Feinmörtel (Größtkorn 1 mm) und anschließend mit einem Feinspachtel (Größtkorn 0,2 mm) überarbeitet.

Die Unebenheiten zeigen sich als vertikal verlaufende Wellen, die bei diffusem Tageslicht kaum erkennbar sind. Bei Streiflicht wird die Welligkeit der Oberfläche aus gebrauchsüblichem Abstand für den Betrachter sichtbar (siehe Abb. 1.96).

Bei dem Gebäude handelt es sich um ein repräsentatives öffentliches Gebäude. Das optische Erscheinungsbild der Fassaden ist hier sehr wichtig.

Da sich die Streiflichtwirkung der Sonne auf etwa 1 bis 2 Stunden pro Tag beschränkt, ist die Störwirkung durch die Abweichungen als kaum erkennbar zu bewerten. Die Abweichungen sind im Gesamten noch akzeptabel.

Abb. 1.95: Balkonbrüstung mit Unebenheiten, die im Streiflicht sichtbar werden

Abb. 1.96: Kurzwellige, vertikal verlaufende Unebenheiten an einer Balkonbrüstung im Streiflicht

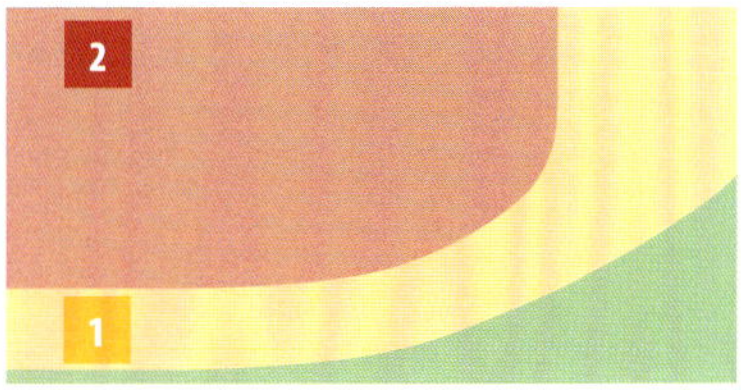

2 Mangelbeseitigung (nicht zu akzeptierende Abweichung)

Abb. 1.97: Balkonbrüstung mit gut sichtbaren Unebenheiten bei diffusem Tageslicht

Abb. 1.98: Balkonbrüstung aus Abb. 1.97 bei Streiflicht, Unebenheiten werden auffällig

Bei der Oberflächenspachtelung der Balkonbrüstungen entstanden darüber hinaus Unebenheiten, die bei Betrachtung aus gebrauchsüblichem Abstand unter diffusem Tageslicht auch in den oberen Geschossen gut sichtbar sind. Die in Abb. 1.97 dargestellte Balkonbrüstung befindet sich im zweiten Obergeschoss. Bei Streiflicht werden die Unebenheiten auffällig (siehe Abb. 1.98).

Im vorliegenden Fall ist das optische Erscheinungsbild der Fassade sehr wichtig.

Die Abweichungen sind bezüglich ihrer Störwirkung auf die Fassade in die Kategorie auffällig einzustufen und sind im vorliegenden Fall als nicht zu akzeptierende Abweichungen zu bewerten. Sie mussten durch Nachbesserung beseitigt werden.

Hinweis: Die kurzwelligen Unebenheiten resultieren aus der Untergrundvorbereitung und einer nicht ausreichenden Oberflächenspachtelung. Zum Ausgleich der Unebenheiten ist eine Reprofilierung der Oberfläche, z. B. unter Anwendung einer langen Abziehlehre, erforderlich.

1.32 Gespachtelte Betonbauteile mit Unebenheiten (2)

1 Ohne Abweichung (zu akzeptieren)

Im Rahmen von Betoninstandsetzungsarbeiten an einem öffentlichen Gebäude wurden auch die Balkonbrüstungen bearbeitet.

Auf diese wurde zunächst ein Feinmörtel mit einem Größtkorn von 1 mm und danach ein Feinspachtel mit einem Größtkorn von 0,2 mm aufgebracht.

Abb. 1.99 zeigt die Innenseite einer Balkonbrüstung. Bei Betrachtung im diffusem Tageslicht weist die gespachtelte und beschichtete Oberfläche eine einheitliche und gleichmäßige Oberflächenstruktur auf, die von der Zuschlagskorngröße des Feinspachtels (0,2 mm) geprägt ist (siehe Abb. 1.100).

Es handelt sich um eine Ausführung ohne Abweichungen.

Abb. 1.99: Innenseite einer Balkonbrüstung mit einheitlicher und gleichmäßiger Oberfläche

Abb. 1.100: Detailaufnahme der einheitlichen und gleichmäßigen Oberflächenstruktur

Hinweis: Auch bei Anwendung größtmöglicher handwerklicher Sorgfalt lassen sich bei gespachtelten Betonoberflächen im Streiflicht sichtbare Unebenheiten nicht vollständig vermeiden. Es darf jedoch erwartet werden, dass die gespachtelte Oberfläche frei von Fehlstellen ist.

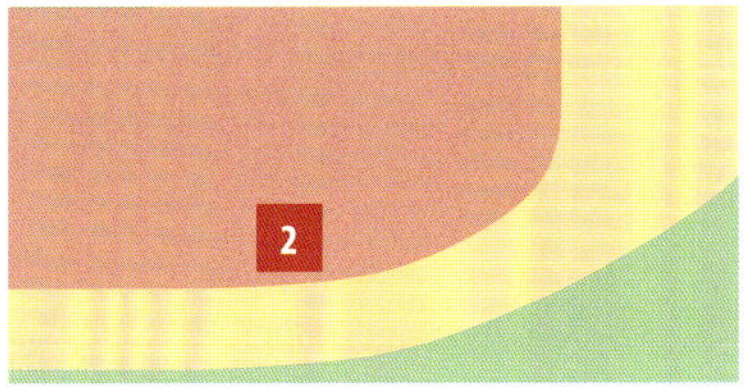

2 Mangelbeseitigung (nicht zu akzeptierende Abweichung)

Abb. 1.101: Innenseite einer Balkonbrüstung mit Unebenheiten (Dellen) an der Oberfläche

An anderen Balkonbrüstungen sind an der Innenseite Unebenheiten in Form von Dellen an der Oberfläche erkennbar (siehe Abb. 1.101).

Die Innenseiten der Balkone sind von den Büroräumen aus gut einsehbar und liegen damit im Blickfeld von Besuchern und Mitarbeitern des öffentlichen Gebäudes. Die Bedeutung des optischen Erscheinungsbildes ist daher als wichtig einzustufen.

Die Balkone sind von den Büroräumen aus begehbar. Die maßgebliche Betrachterposition ergibt sich vom Balkon aus.

Die Dellen an der Oberfläche sind bei diffusem Tageslicht sichtbar. Fällt Streiflicht auf diese Flächen, treten die Unebenheiten deutlich zutage. Insgesamt ist die Beeinträchtigung des optischen Erscheinungsbildes für diese Abweichungen als sichtbar zu bewerten.

Die Abweichungen sind nicht zu akzeptieren und müssen beseitigt werden.

1.33 Gespachtelte Betonbauteile mit unregelmäßiger Kantenausbildung

1 Ohne Abweichung (zu akzeptieren)

In Abb. 1.102 sind Ausschnitte aus Deckenuntersichten dargestellt, die sich umlaufend um ein Gebäude befinden, das mit Stahlbetonfertigteilen errichtet wurde. Die Untersichten sind von öffentlichen Wegen aus einsehbar, da die Glasflächen im Erdgeschoss als Schaufenster von Behörden und Geschäften genutzt werden.

Abb. 1.103 zeigt einen Wasserspeier dieses Gebäudes.

Die Betonflächen wurden im Zuge von Betoninstandsetzungsarbeiten mit einer Oberflächenspachtelung und nachfolgender Beschichtung überarbeitet. Da während der Spachtelarbeiten Kantenschalungen eingesetzt und die Kanten nach dem Entfernen von Materialüberständen angeschliffen wurden, konnten die ursprünglich vorhandenen geradlinigen und scharfen Kanten wiederhergestellt werden.

In beiden Fällen (Abb. 1.102 und 1.103) liegen gleichmäßig und geradlinig verlaufende Kanten vor. Abweichungen sind nur bei genauem Hinsehen und gleichzeitiger Streiflichtwirkung erkennbar. Die dargestellten Kantenverläufe sind auch an der Fassade eines repräsentativen Gebäudes, bei dem das optische Erscheinungsbild eine sehr wichtige Rolle spielt, als fachgerecht zu beurteilen. Es liegen keine Abweichungen vor.

Abb. 1.102: Kantenausbildung an einer Deckenuntersicht ohne Abweichungen

Abb. 1.103: Wasserspeier an einem Balkon aus Sichtbetonbauteilen mit Kantenausbildungen ohne Abweichungen

2 Mangelbeseitigung (nicht zu akzeptierende Abweichung)

Abb. 1.104: Kantenbearbeitung nicht geradlinig und scharfkantig sowie mit Materialüberständen

Abb. 1.105: Kantenausbildung an der Balkonstirnseite mit gut sichtbaren Fehlstellen

Bei Spachtelarbeiten ohne Kantenschalung können keine geradlinigen und scharfkantigen Übergänge erzielt werden.

In Abb. 1.104 ist ein Wasserspeier im Streiflicht zu sehen. Die Kanten der Betonbauteile sind nicht scharfkantig und weisen Materialüberstände auf. Die Kanten wurden vor der Beschichtung nicht geschliffen. Das optische Erscheinungsbild ist bei dieser Belichtung stark beeinträchtigt. Die Abweichungen sind auch bei diffusem Tageslicht noch gut sichtbar.

Abb. 1.105 zeigt die Stirnseite einer Balkonplatte. Die untere Kante weist über eine größere Länge Fehlstellen auf. Eine fachgerechte Kantenausbildung erfolgte bei der Oberflächenspachtelung nicht. Die Fehlstellen sind bei diffusem Tageslicht gut sichtbar.

Die Abweichungen im Kantenverlauf beeinträchtigen das sehr wichtige optische Erscheinungsbild der Fassaden des repräsentativen Gebäudes gut sichtbar. Die nicht zu akzeptierenden Abweichungen machen eine Nachbesserung erforderlich.

Hinweis: Die geradlinigen Kanten prägen das Erscheinungsbild der Fassaden. Bei der Durchführung von Betoninstandsetzungsarbeiten kommt deswegen der Kantenausbildung eine besondere Bedeutung zu.

1.34 Gespachtelte Betonbauteile mit Unregelmäßigkeiten

1 Mangelbeseitigung (nicht zu akzeptierende Abweichung)

Im Eingangsbereich eines öffentlichen Gebäudes stehen Blumentröge, die im Zuge der Betoninstandsetzungsarbeiten an den Fassaden ebenfalls überarbeitet wurden. Die ursprüngliche Oberfläche wurde dabei nach der Untergrundvorbereitung zuerst mit einem Feinmörtel (Größtkorn 1 mm) und anschließend mit einem Feinspachtel (Größtkorn 0,2 mm) überarbeitet.

Abb. 1.106 zeigt einen der Blumentröge vor dem Haupteingang. Die Aufnahme erfolgte bei diffusem Tageslicht, die Oberfläche erscheint uneinheitlich und ungleichmäßig.

Abb. 1.106: Blumentrog mit unregelmäßiger Oberfläche

In Abb. 1.107 ist derselbe Blumentrog bei Streiflicht dargestellt. Die Fehler in der Oberflächenbearbeitung treten deutlich sichtbar hervor. Die Feinspachtelung wurde nicht mit der erforderlichen handwerklichen Sorgfalt aufgebracht. Die abschließende Farbbeschichtung kann die Fehler der Oberflächenspachtelung nicht verdecken.

Abb. 1.107: Blumentrog im Streiflicht; die unregelmäßige Oberflächenspachtelung ist gut sichtbar

Die Blumentröge am Eingang eines öffentlichen und repräsentativen Gebäudes sind für das optische Erscheinungsbild sehr wichtige Elemente. Die uneinheitliche Oberflächenspachtelung führt zu einer gut sichtbaren Beeinträchtigung des optischen Erscheinungsbildes.

Die Abweichungen sind nicht zu akzeptieren und müssen beseitigt werden.

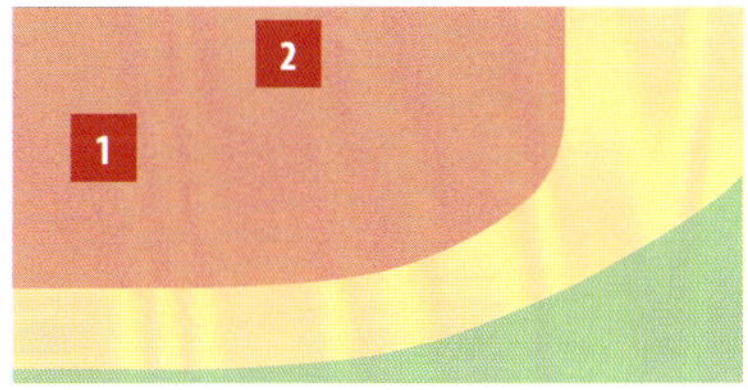

2 Mangelbeseitigung (nicht zu akzeptierende Abweichung)

Abb. 1.108: Fensterlaibung mit groben Spachtelschlägen in der Oberfläche

Abb. 1.109: Unvollständig abgeriebene Oberfläche an einer Balkonbrüstung

In Abb. 1.108 und 1.109 sind weitere Beispiele für handwerkliche Fehler bei der Ausführung von Spachtelarbeiten dokumentiert.

Nach Auftrag der Spachtelmasse wurden die Oberflächen nicht (Abb. 1.108) bzw. unvollständig (Abb. 1.109) abgerieben. Aufgrund der fehlenden bzw. unzureichenden Bearbeitung der Spachteloberfläche verbleiben Spachtelschläge, Materialüberstände und ungleichmäßige Oberflächen, die durch die nachfolgende Beschichtung nicht überdeckt werden können.

Derartige Fehler in der handwerklichen Ausführung führen zu einer auffälligen Beeinträchtigung des optischen Erscheinungsbildes.

Die betroffenen Bauteiloberflächen liegen im Bereich der Balkone und damit im direkten Blickfeld der Besucher und Mitarbeiter des öffentlichen Gebäudes. Die Bedeutung der Bauteiloberflächen für das optische Erscheinungsbild der Fassade ist als wichtig einzustufen.

Die Abweichungen sind nicht zu akzeptieren und müssen beseitigt werden.

2 Oberflächen innen – Wand und Decke

2.1 Sichtmauerwerk mit Höhenversätzen benachbarter Steine

1 Bagatelle (zu akzeptierende Abweichung)

In der Tiefgarage eines Einkaufszentrums sind innen liegende Trennwände im Bereich der Parkflächen als sichtbar belassenes Mauerwerk aus Kalksandsteinen ausgeführt. Das Fugenbild ist durchgehend gleichmäßig geordnet. Der Fugenmörtel ist glatt verstrichen, die gemauerten Wandflächen weiß gestrichen.

Abb. 2.1: Sichtbar belassenes Mauerwerk mit geringen Höhenversätzen

Die Beleuchtung in der Tiefgarage erfolgt über Langfeldleuchten, die jeweils im oberen Wandbereich montiert sind. Die Wandflächen unterhalb der Leuchtkörper erscheinen dementsprechend abschnittsweise im direkten Streiflicht (siehe Abb. 2.1).

Abb. 2.2: Geringe Höhenversätze benachbarter Mauersteine

Die einzelnen Mauersteine sind auf der Wandseite zur Tiefgarage nicht oberflächenbündig gesetzt. Benachbarte Steine weisen Höhenversätze in einer Größenordnung von ca. 2 mm auf (siehe Abb. 2.2). Der Grad der optischen Beeinträchtigung aufgrund dieser Höhenversätze ist in den mit Streiflicht beleuchteten Wandflächen aus unterschiedlichen Betrachtungsabständen als kaum erkennbar einzustufen.

Die Trennwände in der Tiefgarage sind hinsichtlich der Gewichtung ihres optischen Erscheinungsbildes als eher unbedeutend einzustufen. Die Funktion steht deutlich im Vordergrund.

Die geringen Versätze an den Stößen der Mauersteine sind unter Berücksichtigung der vorliegenden baulichen Situation als Bagatelle zu bewerten.

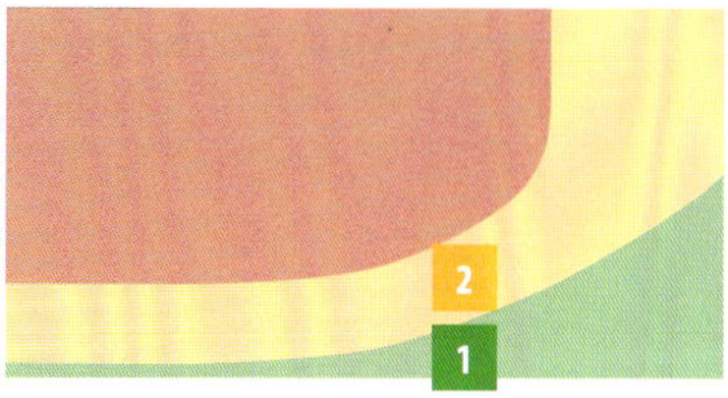

2 Mangelbeseitigung, eventuell Minderung (noch akzeptable Abweichung)

Abb. 2.3: Sichtmauerwerk mit deutlich ausgeprägten Höhenversätzen

Abb. 2.4: Deutlich ausgeprägte Höhenversätze benachbarter Mauersteine

In der zuvor beschriebenen Tiefgarage weisen einzelne Flächen des sichtbar belassenen Mauerwerks auch Höhenversätze benachbarter Steine in einer Größenordnung bis ca. 4 mm auf (siehe Abb. 2.3).

Aufgrund der vorherrschenden Beleuchtungssituation mit direktem Streiflicht und einem vergleichsweise geringen Abstand der Beleuchtungskörper von den betroffenen Wandflächen treten diese Höhenversätze mit einer Schlagschattenbildung in Erscheinung (siehe Abb. 2.4). Die hierdurch bedingte optische Beeinträchtigung der Wandfläche ist als sichtbar einzustufen.

Das Gewicht des optischen Erscheinungsbildes der Mauerwerksflächen ist entsprechend der Garagennutzung – wie zuvor angeführt – als eher unbedeutend einzustufen.

Die Höhenversätze stellen für den Fall der Tiefgarage eine noch akzeptable Abweichung dar.

Hinweis: Die vorliegende Beurteilung orientiert sich an den Anforderungen an sichtbar belassenes Mauerwerk. Bei Sichtmauerwerk (aus Verblendern) sind höhere Anforderungen an das optische Erscheinungsbild zu stellen. Bei Normalmauerwerk, das nicht als sichtbar belassenes Mauerwerk erstellt wird und unverputzt bleibt, sind hingegen geringere Anforderungen zu stellen.

2.2 Sichtmauerwerk mit Kantenabplatzungen

1 Bagatelle (zu akzeptierende Abweichung)

In einem Tagungsgebäude sind innen liegende Trennwände aus kleinformatigen Kalksandsteinen als Sichtmauerwerkswände erstellt. Die Mauerfugen sind mit einem Glattstrich ausgeführt, die Wandflächen abschließend weiß beschichtet (siehe Abb. 2.5).

Die einzelnen Mauersteine weisen überwiegend kleinere Fehlstellen an den Kanten auf, z. B. nicht scharf begrenzte Kanten, einzelne kleinere Ausbruchstellen usw. (siehe Abb. 2.6). Diese Abweichungen im Erscheinungsbild der Kanten stellen in der Gesamtfläche des Mauerwerks ein charakteristisches und das Erscheinungsbild prägendes Merkmal dar.

Das optische Erscheinungsbild der Wandflächen ist nach Art und Nutzung der Räume als wichtig einzuordnen. Die optische Beeinträchtigung in der Ansicht einer Wandfläche infolge der Abweichungen der Kanten ist als kaum erkennbar einzuordnen.

Die kleineren Ausbruchstellen an den Kanten der einzelnen Mauersteine sind deshalb zu akzeptieren.

Abb. 2.5: Sichtmauerwerk aus kleinformatigen Kalksandsteinen

Abb. 2.6: Mauersteine mit zahlreichen kleineren Fehlstellen an den Kanten

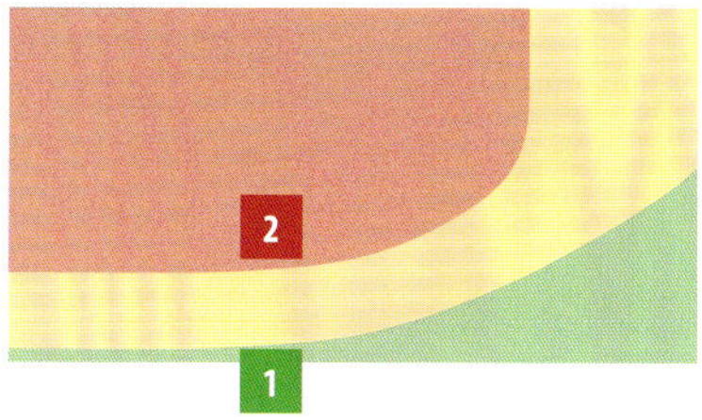

2 Mangelbeseitigung (nicht zu akzeptierende Abweichung)

Abb. 2.7: Sichtmauerwerk mit einzelnen beschädigten Steinen

Abb. 2.8: Kalksandsteine mit Beschädigungen (Abplatzungen)

Bei dem zuvor beschriebenen Tagungsgebäude sind in einem Teil der Sichtmauerwerksflächen Steine mit größeren Beschädigungen wie z. B. Kantenabbrüche, Abplatzungen usw. mit einer Größe von ca. 1 bis 1,5 cm Durchmesser vorhanden (siehe Abb. 2.7). Diese Beschädigungen zeichnen sich im Gesamterscheinungsbild einer Wandfläche auch unter Berücksichtigung der vielfach vorhandenen kleineren Fehlstellen an den Kanten als Abweichung sichtbar ab (siehe Abb. 2.8).

Das optische Erscheinungsbild der Wandflächen ist – wie zuvor angeführt – als wichtig einzuordnen. Der Grad der optischen Beeinträchtigung durch die Kantenbeschädigungen der einzelnen Steine ist als sichtbar einzustufen.

Die Abweichungen in der Form einzelner größerer Beschädigungen der Mauersteine sind deshalb nicht zu akzeptieren.

Hinweis: Maßstab der Beurteilung ist in diesem Fall nicht eine abstrakte Sollfläche, sondern eine zu akzeptierende Fläche innerhalb einer Leistung mit unterschiedlich stark ausgeprägten Abweichungen.

2.3 Holzbauteile mit Verfärbungen infolge von Wassereinwirkung (1)

1 Bagatelle (zu akzeptierende Abweichung)

Das Dach eines Wohngebäudes besteht aus einer Holzbalkendecke mit oberseitig aufgebrachter Sichtholzschalung. Die sichtbar verbliebenen Holzflächen sind nicht oberflächenbehandelt. Im Anschlussbereich der Dachschalung an einen Dachbalken weisen einzelne Schalungsbretter feuchtigkeitsbedingte bräunliche Verfärbungen mit einer Größe von ca. 3 cm × 5 cm auf. Ursache der Verfärbungen ist eine kurzzeitige, nicht wiederkehrende Feuchtigkeitseinwirkung mit der Folge bräunlicher Trocknungsränder (siehe Abb. 2.9 und 2.10).

Die sichtbare Dachkonstruktion ist hinsichtlich des optischen Erscheinungsbildes als eher wichtig einzustufen. Die Verfärbungen beeinträchtigen das optische Erscheinungsbild der Decke kaum erkennbar.

Die Abweichung ist als Bagatelle zu akzeptieren.

Abb. 2.9: Blick auf den betroffenen Randbereich der Dachschalung

Abb. 2.10: Feuchtigkeitsbedingte Verfärbungen an den Holzbrettern der sichtbaren Dachschalung

Hinweis: Voraussetzung für die Beurteilung im vorliegenden Fall war, dass es sich um abgetrocknete Feuchtigkeit handelte, die nicht erneut auftreten wird.

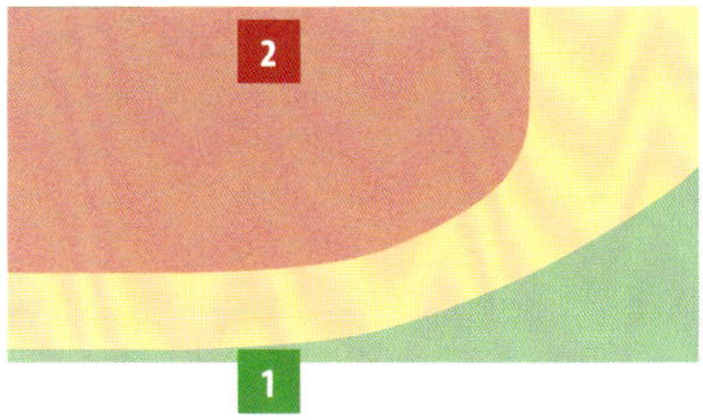

2 Mangelbeseitigung (nicht zu akzeptierende Abweichung)

Abb. 2.11: Deckenuntersicht mit feuchtigkeitsbedingten Verfärbungen im Randbereich

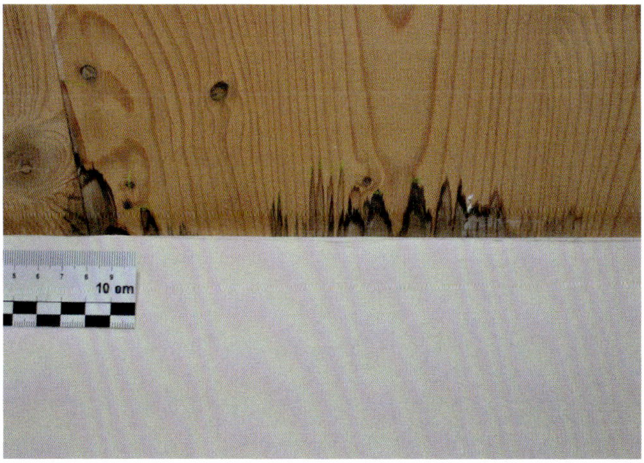

Abb. 2.12: Feuchtigkeitsbedingte Verfärbung an der Deckenunterseite (Detail)

In einem mehrgeschossigen Wohngebäude in Holztafelbauweise sind die sichtbaren Unterseiten der Deckenelemente nicht oberflächenbehandelt. Ausgehend von einem Montagestoß zwischen Außenwandelement und Deckenelement zeichnet sich an der Deckenunterseite auf einer Fläche von ca. 3 cm × 10 cm eine dunkle bräunliche Verfärbung ab (siehe Abb. 2.11 und 2.12).

Die Verfärbung stört das optische Erscheinungsbild der Deckenuntersicht auffällig. Die Holzdecke ist hinsichtlich des optischen Erscheinungsbildes als wichtig einzustufen.

Die Abweichung ist nicht zu akzeptieren.

Hinweis: Die Beurteilung bezieht sich auf den Zustand, der nach Beseitigung der Schadensursache verblieben ist.

3 Bagatelle (zu akzeptierende Abweichung)

Die Deckenelemente des zuvor beschriebenen Gebäudes in Holztafelbauweise weisen dunkelbraune Trocknungsränder an der unbehandelten Holzoberfläche in unterschiedlichen Teilbereichen mit unterschiedlich großer bzw. unterschiedlich intensiver Ausprägung auf. Abb. 2.13 zeigt beispielhaft eine Verfärbung im Deckenanschlussbereich, deren Größe mit ca. 2 cm × 2 cm vergleichsweise gering ist. Die Ausprägung ist ebenfalls gering.

Abb. 2.13: Deckenuntersicht mit dunkelbrauner Verfärbung in nur geringer Ausprägung

Die in Abb. 2.13 dokumentierte Verfärbung stellt eine kaum erkennbare und erst bei gezielter Betrachtung sichtbare Abweichung dar. Der Bedeutungsgrad der Decke für das optische Erscheinungsbild ist als wichtig einzuordnen.

Diese Abweichung ist als Bagatelle einzuordnen.

Hinweis: Die Beurteilung bezieht sich – wie zuvor – nur auf die nach vollständiger Austrocknung und Ursachenbehebung verbliebene Verfärbung.

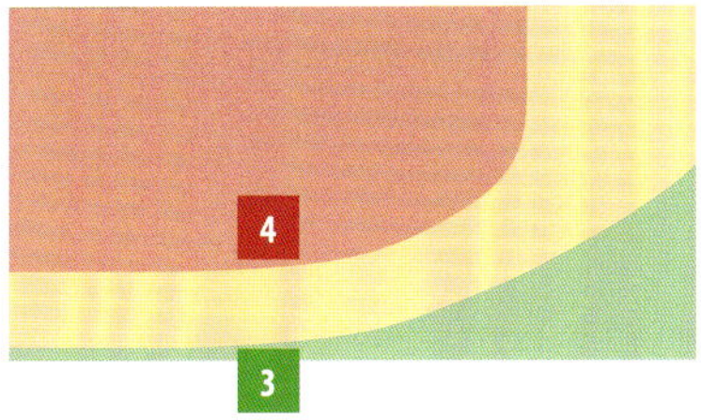

4 Mangelbeseitigung (nicht zu akzeptierende Abweichung)

Abb. 2.14: Deckenuntersicht mit dunkelbrauner Verfärbung in mäßiger Ausprägung

In Ergänzung der in Abb. 2.12 und 2.13 gezeigten Verfärbungen starker bzw. geringer Ausprägung zeigt Abb. 2.14 eine gleichartige Verfärbung in mäßiger Ausprägung. Die Größe der verfärbten Fläche und die Intensität der feuchtigkeitsbedingten Farbveränderung können zwischen den Beispielen 2 (siehe Abb. 2.12) und 3 (siehe Abb. 2.13) eingereiht werden.

Die in Abb. 2.14 dokumentierte Verfärbung ist als Abweichung aus gebrauchsüblichem Betrachtungsabstand sichtbar. Die Bedeutung der Holzdecke für das optische Erscheinungsbild ist als wichtig einzustufen.

Trotz der gegenüber Beispiel 2 geringeren Störwirkung liegt auch hier eine nicht zu akzeptierende und daher zu beseitigende Abweichung vor.

Hinweis: Im vorliegenden Fallbeispiel ist die Darstellung gleichartiger, aber unterschiedlich stark ausgeprägter Abweichungen ein guter Bewertungsmaßstab.

2.4 Holzbauteile mit Verfärbungen infolge von Wassereinwirkung (2)

1 Bagatelle (zu akzeptierende Abweichung)

Ein Mehrfamilienwohnhaus schließt nach oben mit einem Pultdach ab. Das Dachtragwerk besteht aus Brettschichtholzbindern und Sparren. Die Binder aus Brettschichtholz sind mit unbehandelter Holzoberfläche sichtbar belassen. Die übrigen Teile der Dachkonstruktion sind bekleidet oder weiß deckend beschichtet.

Ein Brettschichtholzbalken unterhalb von Fensterelementen weist abgetrocknete Wasserablaufspuren auf (siehe Abb. 2.15). Die feuchtigkeitsbedingten, leicht bräunlichen Verfärbungen des Holzes wurden augenscheinlich durch eine einmalige bzw. kurzzeitige Wassereinwirkung verursacht. Nach Reinigung der Oberfläche sind die noch verbleibenden Abzeichnungen als Abweichung kaum erkennbar. Die Bedeutung der Sichtholzkonstruktion ist für das optische Gesamterscheinungsbild sehr wichtig.

Die Verfärbungen sind zu akzeptieren.

Abb. 2.15: Unbehandelte Oberfläche eines Brettschichtholzbinders mit geringen feuchtigkeitsbedingten Verfärbungen

Hinweis: Kaum erkennbare Spuren einer Wassereinwirkung stellen unabhängig von der Bedeutung des Bauteils für das optische Gesamterscheinungsbild eine Bagatelle dar und müssen daher nicht beseitigt werden.

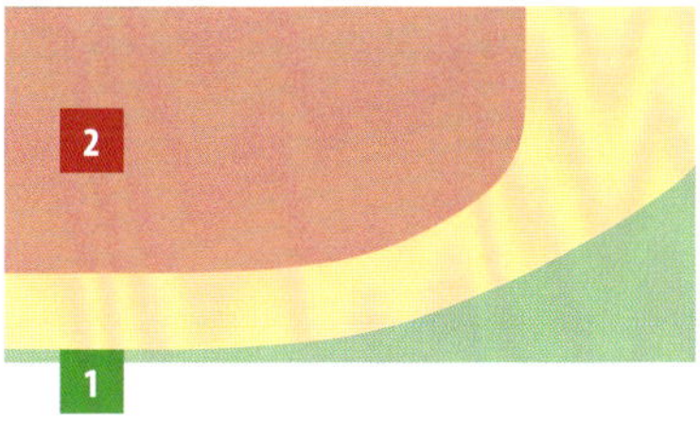

2 Mangelbeseitigung (nicht zu akzeptierende Abweichung)

Abb. 2.16: Unbehandelte Oberfläche eines Brettschichtholzbinders mit feuchtigkeitsbedingten Verfärbungen in stärkerer Ausprägung

Die Brettschichtholzbauteile der zuvor beschriebenen Konstruktion weisen in Teilflächen bräunliche Verfärbungen und Trocknungsränder aufgrund einer längeren und/oder wiederholten Einwirkung von Wasser auf (siehe Abb. 2.16).

Die Trocknungsränder sind aus gebrauchsüblichem Betrachtungsabstand als optische Beeinträchtigung gut sichtbar. Die Bedeutung der Sichtholzkonstruktion ist für das optische Gesamterscheinungsbild sehr wichtig.

Die Verfärbungen sind aufgrund ihrer stärkeren Ausprägung nicht zu akzeptieren.

Hinweis: Feuchtigkeitsbedingte Verfärbungen auf unbehandelten Holzoberflächen machen bei stärkerer Ausprägung eine Mangelbeseitigung erforderlich (z. B. durch Oberflächenabtrag [Schleifen, Hobeln]).

2.5 Holzbauteile mit Verfärbungen infolge von Wassereinwirkung (3)

1 Bagatelle (zu akzeptierende Abweichung)

Der Hauseingang eines Einfamilienhauses ist mit einer flach geneigten Holzkonstruktion überdacht. Die tragenden Bauteile und die Dachschalung sind an der Dachuntersicht als unbehandelte Holzflächen sichtbar.

Die Seitenflächen der Holzbalken weisen abgetrocknete Wasserablaufspuren in unterschiedlich starker Häufigkeit und Ausprägung auf. Abb. 2.17 zeigt einen Teilbereich, bei dem an der sichtbaren Holzkonstruktion nur einzelne Wasserablaufspuren zu erkennen sind (z. B. von einzelnen abgelaufenen Tropfen). Die Störwirkung durch die feuchtigkeitsbedingten Verfärbungen ist aus betrachtungsüblicher Entfernung kaum erkennbar. Die Sichtholzkonstruktion ist eher unbedeutend für das optische Gesamterscheinungsbild des Eingangsbereiches.

Abb. 2.17: Sichtbare Holzkonstruktion mit einzelnen Wasserablaufspuren geringer Ausprägung

Die Wasserablaufspuren sind wegen des vereinzelten Auftretens und der geringen Ausprägung zu akzeptieren.

Hinweis: Kaum erkennbare Spuren einer Wassereinwirkung stellen keinen optischen Mangel dar. Sie sind zu akzeptieren.

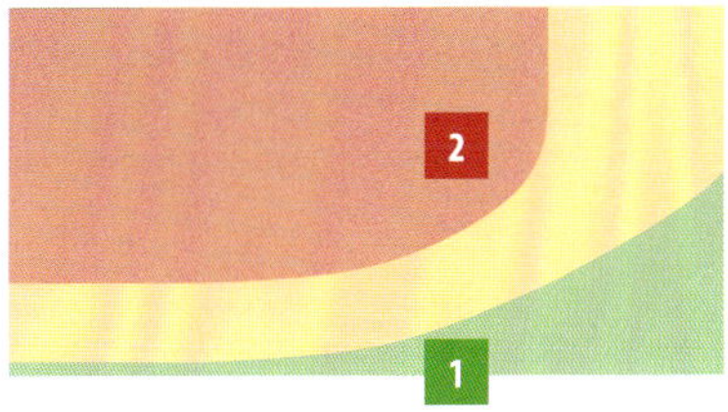

2 Mangelbeseitigung (nicht zu akzeptierende Abweichung)

Abb. 2.18: Sichtbare Holzkonstruktion mit zahlreichen Wasserlaufspuren starker Ausprägung

An einigen Sichtholzbalken der beschriebenen Dachkonstruktion sind Wasserablaufspuren starker und deutlich sichtbarer Ausprägung vorhanden. Abb. 2.18 zeigt die Situation der sich deutlich am Balken abzeichnenden Ablaufspuren. An den benachbarten Balken zeigt sich ein ähnliches Erscheinungsbild.

Die abgetrockneten Wasserablaufspuren sind in diesem Fall als Abweichung aus gebrauchsüblichem Abstand gut sichtbar. Die Sichtholzkonstruktion ist auch hier eher unbedeutend für das optische Gesamterscheinungsbild des Eingangsbereiches.

Die Wasserablaufspuren sind wegen des gehäuften Auftretens und der vergleichsweise starken Ausprägung nicht zu akzeptieren.

Hinweis: Deutlich sichtbare oder gar auffällige Spuren einer Wassereinwirkung stellen einen optischen Mangel dar und müssen beseitigt werden.

2.6 Bekleidungen aus Dämmplatten mit Farbtonunterschieden

1 Bagatelle (zu akzeptierende Abweichung)

In der Tiefgarage einer kleineren Wohnanlage mit hochwertiger Ausstattung sind Wände zum Treppenhaus mit magnesitgebundenen Mehrschicht-Leichtbauplatten bekleidet. Die Oberflächen der einzelnen Platten weisen unterschiedliche Färbungen auf (siehe Abb. 2.19 und 2.20).

Die Farbabweichungen einzelner Platten sind sichtbar. Die damit verbundene Störwirkung ist im sich ergebenden Gesamterscheinungsbild als kaum erkennbar einzustufen.

Für die Tiefgarage ist das Gewicht des optischen Erscheinungsbildes als eher unbedeutend einzustufen.

Die material- und herstellungsbedingten Farbtondifferenzen sind zu akzeptieren.

Abb. 2.19: Mehrschicht-Leichtbauplatten mit Farbtondifferenzen

Abb. 2.20: Wandbekleidung mit Farbtondifferenzen

Hinweis: Bei Mehrschicht-Leichtbauplatten sind Abweichungen im Farbton material- und herstellungsbedingt nicht zu vermeiden, was insbesondere auf die schwankenden Farbtöne des Bindemittels (Magnesit oder Zement) zurückzuführen ist. Eine einheitliche Oberfläche kann nur durch eine werkseitige oder nachträgliche Einfärbung erzielt werden.

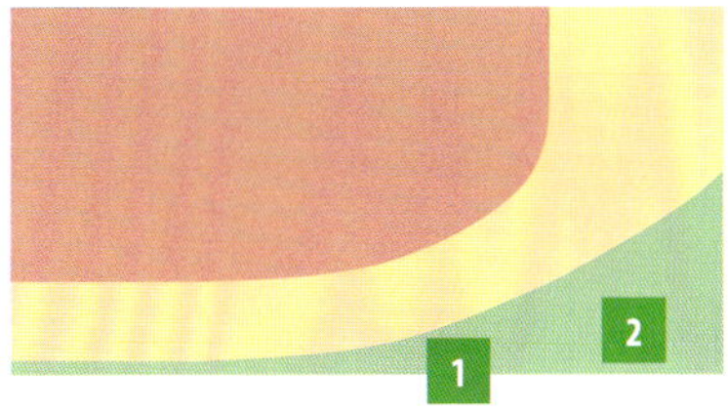

2 Bagatelle (zu akzeptierende Abweichung)

Abb. 2.21: Wandbekleidung aus Mehrschicht-Leichtbauplatten mit Farbtondifferenzen

Im Kellerraum zu einer Wohnung in einem Mehrfamilienhaus sind einzelne Wandflächen mit Mehrschicht-Leichtbauplatten bekleidet. Die Oberflächen der Mehrschicht-Leichtbauplatten weisen unterschiedliche Färbungen auf (siehe Abb. 2.21), die material- und herstellungsbedingt sind.

Die hier vorliegenden Farbtondifferenzen stellen nur eine geringe und kaum erkennbare Abweichung innerhalb des über die gesamte Wandbekleidung gleichmäßigen Erscheinungsbildes dar.

Das Gewicht des optischen Erscheinungsbildes der Wände ist für einen untergeordneten Kellerraum, der zur Lagerung von Hausrat dient, als unwichtig einzustufen.

Die material- und herstellungsbedingt nicht zu vermeidenden Farbtondifferenzen sind zu akzeptieren.

3 Bagatelle (zu akzeptierende Abweichung)

In der Tiefgarage einer größeren Wohnanlage sind die Deckenunterseiten mit magnesitgebundenen Mehrschicht-Leichtbauplatten bekleidet. Die Oberflächen der einzelnen Platten weisen unterschiedliche Färbungen auf (siehe Abb. 2.22 und 2.23).

Die Farbtondifferenzen sind aus üblichem Betrachtungsabstand als Abweichung innerhalb der Deckenuntersichtsfläche kaum erkennbar und wirken sich nur gering auf das optische Gesamterscheinungsbild aus.

Die Deckenuntersicht ist für das optische Gesamterscheinungsbild als unwichtig einzustufen.

Die material- und herstellungsbedingten Farbtondifferenzen sind zu akzeptieren.

Abb. 2.22: Deckenuntersicht mit Farbtondifferenzen in der Bekleidung aus Mehrschicht-Leichtbauplatten

Abb. 2.23: Mehrschicht-Leichtbauplatten an Deckenuntersicht mit unterschiedlichen Färbungen

Hinweis: Farbschwankungen sind bei magnesitgebundenen Mehrschicht-Leichtbauplatten nicht zu vermeiden. Eine farbgleiche Oberfläche kann nur durch eine werkseitige Einfärbung oder eine nachträgliche Farbbehandlung mittels Spritzen erzielt werden.

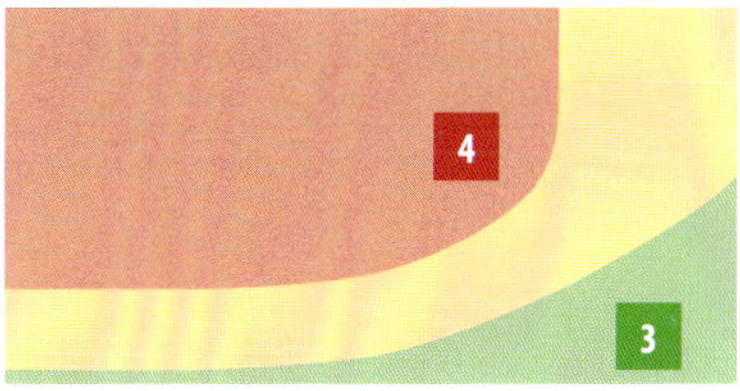

4 Mangelbeseitigung (nicht zu akzeptierende Abweichung)

Abb. 2.24: Auffallende Farbtonunterschiede an der Bekleidung aus Mehrschicht-Leichtbauplatten

Abb. 2.25: Verfärbungen aus abgetrockneter Feuchtebelastung

In den Kellerräumen eines Mehrfamilienwohnhauses sind die Deckenuntersichten mit magnesitgebundenen Mehrschicht-Leichtbauplatten bekleidet. Die Oberflächen der einzelnen Platten weisen stark unterschiedliche Färbungen in Tönen von Grau bis Braun auf (siehe Abb. 2.24), die nicht im Rahmen üblicher produkt- oder herstellungsbedingter Schwankungen liegen (vgl. das Beispiel auf der linken Buchseite).

In einem weiteren Kellerraum sind an der Deckenuntersicht braune Verfärbungen vorhanden. Diese Verfärbungen sind infolge von Wassereintritten in der Bauzeit entstanden (siehe Abb. 2.25).

Die in Abb. 2.24 und 2.25 dargestellten Farbunterschiede sind hinsichtlich der damit verbundenen optischen Störwirkung als gut sichtbar einzustufen. Das Gewicht des optischen Erscheinungsbildes der Kellerräume ist eher unbedeutend.

Die Farbunterschiede sind nicht zu akzeptieren.

Hinweis: Die Dämmplatten sind im Bauablauf vor Wasser zu schützen. Durch Nässeeinwirkung bedingte Veränderungen sind nicht zu akzeptieren.

2.7 Innenputz mit Unregelmäßigkeiten in der Oberfläche

1 Mangelbeseitigung (nicht zu akzeptierende Abweichung)

Abb. 2.26 zeigt die Laibung einer Wohnungseingangstür, die planmäßig mit einem Glattputz ausgeführt werden sollte.

Die Putzoberfläche in der Türlaibung weist eine ungleichmäßige und raue Oberfläche auf. Die übliche Oberflächenqualität eines Glattputzes ist nicht erreicht.

Putzoberflächen in Türlaibungen werden im Rahmen der üblichen Nutzung aus unmittelbarer Nähe betrachtet. Die Betrachtungsposition liegt nahe der Putzoberfläche. Aus diesem geringen Abstand wirken sich die Unregelmäßigkeiten in der Oberfläche gut sichtbar auf das Gesamterscheinungsbild aus.

Türlaibungen von Wohnungseingangstüren haben eine hohe Bedeutung für das optische Gesamterscheinungsbild.

Die Abweichungen sind daher nicht zu akzeptieren.

Abb. 2.26: Türlaibung mit Glattputz und sichtbaren Bearbeitungsspuren

Hinweis: Die vorrangige Eigenschaft eines Glattputzes ist eine glatte und ebene Oberfläche. Die Ausführung erfordert ein hohes Maß an handwerklicher Sorgfalt. Hohe Qualitätsanforderungen an die Oberfläche eines Glattputzes können durch mehrmaliges Schleifen und Spachteln erfüllt werden. Die Oberflächenqualität ist entsprechend zu vereinbaren.

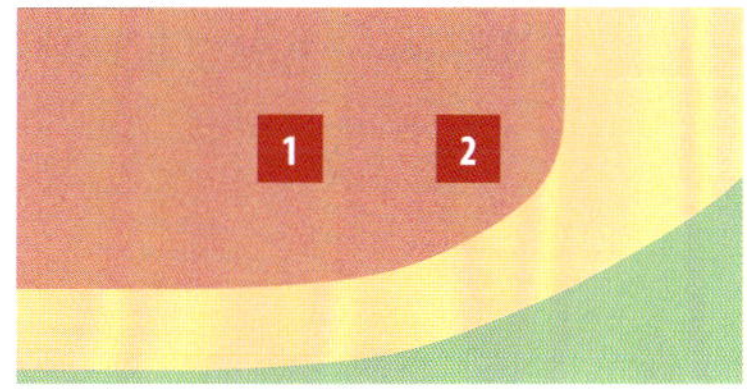

2 Mangelbeseitigung (nicht zu akzeptierende Abweichung)

Abb. 2.27: Treppenraumwand mit Glattputz und sichtbaren Bearbeitungsspuren

In einem Mehrfamilienwohnhaus sind die Treppenraumwände mit einem Glattputz bekleidet. Im Kellergeschoss weist eine der Treppenraumwände im unteren Bereich auf einer Fläche von ca. 60 cm × 40 cm Materialüberstände und Unebenheiten an der Oberfläche auf (siehe Abb. 2.27). Die Abweichungen resultieren aus einer unzureichenden Glättung der Oberfläche bei der Ausführung der Putzarbeiten.

Bei Betrachtung aus gebrauchsüblichem Abstand (stehend vor der Wand) stellen die Abweichungen eine gut sichtbare Störung im Gesamterscheinungsbild der Wand dar.

Die Bedeutung der Treppenraumwand im Kellergeschoss, das regelmäßig nur von den Hausbewohnern begangen wird, ist als eher unbedeutend einzustufen.

Die Abweichungen sind auch unter Berücksichtigung der reduzierten optischen Bedeutung der Treppenraumwände im Kellergeschoss nicht zu akzeptieren.

2.8 Innenputz mit Unregelmäßigkeiten im Streiflicht

1 Bagatelle (zu akzeptierende Abweichung)

Die Innenwände eines Kellerraumes sind mit einem Kalkputz mittlerer Körnung bekleidet. Die Putzoberfläche ist glatt abgerieben und mit weißer Farbe gestrichen.

Der Kellerraum ist wohnraumartig ausgebaut. Die Ausbauqualität bleibt jedoch hinter der für die übrigen Wohnräume gewählten Qualität zurück.

An der fertiggestellten Wandfläche sind Strukturabweichungen und Bearbeitungsspuren an der Putzoberfläche als optische Beeinträchtigung kaum erkennbar. Die Abweichungen bleiben innerhalb der Gesamtfläche auch im Streiflicht unauffällig (siehe Abb. 2.28 und 2.29).

Die Wandfläche ist in dem Kellerraum als eher unbedeutend für das optische Erscheinungsbild einzustufen.

Die Abweichungen sind zu akzeptieren.

Abb. 2.28: Wandputz mit strukturierter Oberfläche bei indirekter Beleuchtung

Abb. 2.29: Wandputz mit strukturierter Oberfläche bei direkter Beleuchtung im Streiflicht

Hinweis: Bei Putzoberflächen sind einzelne Abweichungen in der Struktur immer unter Berücksichtigung ihrer optischen Auswirkung auf die Gesamtfläche zu beurteilen.

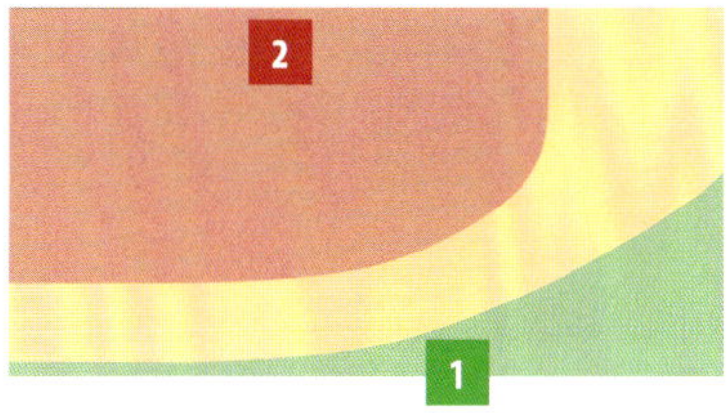

2 Mangelbeseitigung (nicht zu akzeptierende Abweichung)

Abb. 2.30: Wandputz mit Materialüberstand, der bei direkter Beleuchtung nicht auffällig sichtbar ist

Abb. 2.31: Wandputz mit Materialüberstand, der bei Beleuchtung im Streiflicht auffällig sichtbar ist

Die Innenwände eines Wohnraumes sind mit einem Kalkgipsputz feiner Körnung bekleidet. Die Putzoberfläche ist gefilzt und weiß farbbeschichtet.

An einer fertigen Wandoberfläche zeichnet sich eine kugelförmige Wölbung mit einem Durchmesser von ca. 4 bis 5 cm und einer Höhe von ca. 5 mm ab. Die Abweichung ist bei indirekter Belichtung und mittlerer Beleuchtungsstärke nur bei genauer und gezielter Betrachtung sichtbar. Im Streiflicht bzw. bei direktem Sonnenlicht ist die Wölbung eine auffällige optische Beeinträchtigung (siehe Abb. 2.30 und 2.31).

Die Wandfläche ist in dem Wohnraum als wichtig für das optische Erscheinungsbild einzustufen.

Die Abweichung in der Oberflächenstruktur ist nicht zu akzeptieren.

Hinweis: Die Wölbung ist durch einen vermeidbaren handwerklichen Fehler bei der Bearbeitung der Putzoberfläche entstanden. Die von den Lichtverhältnissen abhängige Sichtbarkeit ist in diesem Fall nicht maßgeblich.

2.9 Innenputz mit sichtbaren Übergängen an Treppenlaufuntersichten

1 Mangelbeseitigung, eventuell Minderung (noch akzeptable Abweichung)

In den Treppenhäusern von Wohnanlagen und größeren Gebäuden werden die Treppenläufe oft als Fertigteile und – wegen der Anforderungen an den Schallschutz – von Geschossdecken getrennt eingebaut. Die hierbei entstehenden Übergänge können je nach schalltechnischem Konzept offen oder geschlossen ausgeführt werden.

Abb. 2.32: Blick auf den Anschluss zwischen Treppenlauf und Podest mit Fugenausbildung

Abb. 2.32 zeigt einen Übergang zwischen einem Fertigteiltreppenlauf und der Geschossdecke, der mit einer Fuge ausgebildet ist. Die Fuge ist mit Dichtstoff verschlossen, dessen Oberfläche kaum erkennbare Unebenheiten bzw. Welligkeiten aufweist.

In Abb. 2.33 ist der fugenlose Anschluss zwischen einem Treppenlauf und der Geschossdecke dargestellt. Im Anschlussbereich hat die gespachtelte Oberfläche ein welliges Aussehen. Im Treppenauge beim Anschluss der Stirnseiten von Podest und Treppenlauf ist überstehender Beton nicht entfernt worden.

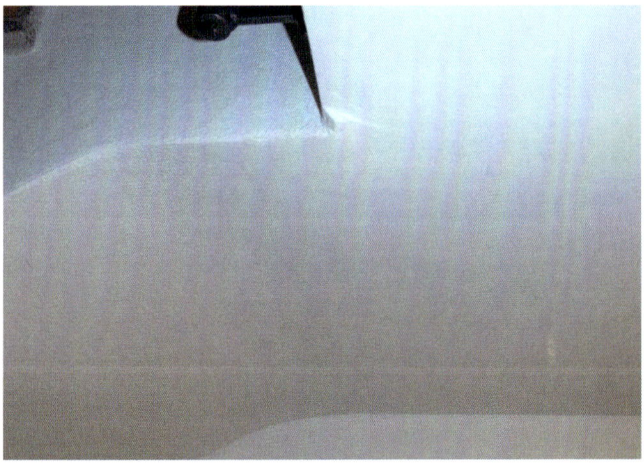

Abb. 2.33: Blick auf den fugenlosen Anschluss zwischen Treppenlauf und Podest

Aus gebrauchsüblichem Betrachtungsabstand vom Treppenpodest ist die optische Beeinträchtigung durch die Abweichungen in beiden Fällen als kaum erkennbar einzustufen.

Das Treppenhaus, das sowohl von den Hausbewohnern als auch von Besuchern begangen wird, ist hinsichtlich seines optischen Erscheinungsbildes als wichtig zu einzuordnen.

Die Abweichungen können als noch akzeptabel beurteilt werden.

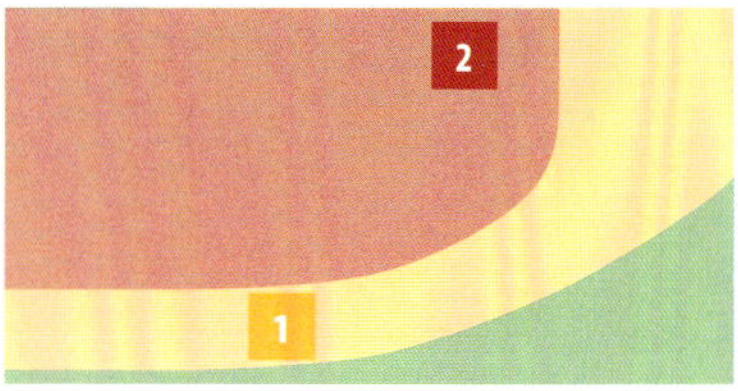

2 Mangelbeseitigung (nicht zu akzeptierende Abweichung)

Abb. 2.34: Blick auf den Anschluss zwischen Treppenlauf und Geschossdecke

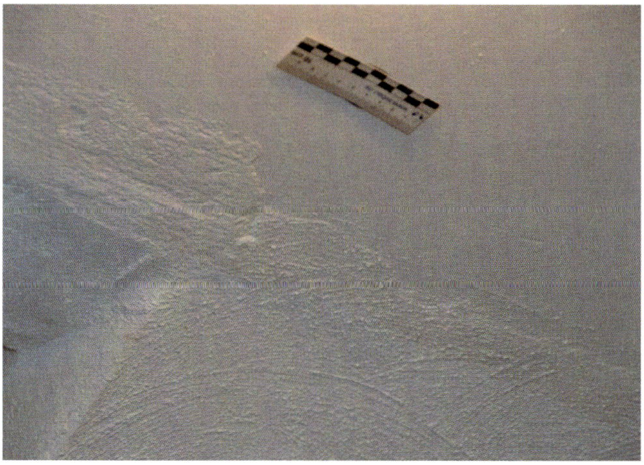

Abb. 2.35: Unregelmäßiger Anschluss im Detail

In Abb. 2.34 ist ein fugenlos ausgeführter Anschluss zwischen einem Treppenlauf und der Geschossdecke zu sehen.

Die Putzbekleidung an der Unterseite des Treppenlaufes ist ohne geradlinige Begrenzung auf die gespachtelte Unterseite der Geschossdecke geführt. Es entsteht ein unregelmäßiger Verlauf des Materialübergangs. Abb. 2.35 zeigt die Ausführung im vergrößerten Detail.

Bei Betrachtung vom Flur des Treppenhauses aus (üblicher Betrachtungsabstand) stört der unregelmäßige Anschluss das optische Erscheinungsbild auffällig.

Die Unterseite des betroffenen Treppenlaufs ist nur vom Kellerflur aus einsehbar. Die Bedeutung für das optische Erscheinungsbild kann daher als eher unbedeutend angesehen werden.

Die Abweichungen sind auch unter Berücksichtigung der Lage im Kellergeschoss nicht zu akzeptieren. Die Abweichungen müssen beseitigt werden.

Hinweis: Anschlüsse von Treppenläufen an Podeste können durch Ausbildung von Trennfugen optisch einwandfrei gestaltet werden. Fugenlose Anschlüsse erfordern ein hohes Maß an handwerklicher Sorgfalt, um optische Beeinträchtigungen als Folge von ungeraden Kantenverläufen und Strukturabweichungen zu vermeiden.

2.10 Fliesenbekleidung mit zu großen Ausschnitten oder Abplatzungen

1 Mangelbeseitigung, eventuell Minderung (noch akzeptable Abweichung)

In verschiedenen Objekten des Wohnungsbaus wurden an den mit Fliesen bekleideten Wänden – jeweils an den Fliesenausschnitten für gebäudetechnische Installationen – Unregelmäßigkeiten festgestellt.

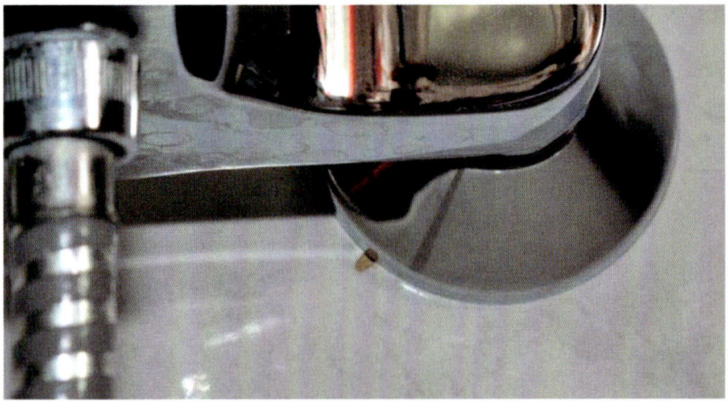

Abb. 2.36: Beschädigung an der Glasur einer nicht durchgefärbten Wandfliese beim Anschluss an die Duscharmatur

Abb. 2.36 zeigt eine ca. 3 mm × 3 mm große Abplatzung an der weiß glasierten Oberfläche der nicht durchgefärbten Wandfliese. Diese befindet sich unterhalb der Abdeckrosette einer Duscharmatur. Die Beschädigung ist aus einer betrachtungsüblichen Position (stehend) nicht erkennbar, hierzu müsste erst eine Hockstellung eingenommen werden. Der Grad der optischen Beeinträchtigung kann somit als kaum erkennbar eingestuft werden. Die durch die transparente Duschabtrennung hindurch sichtbare Wandfliesenbekleidung in der Dusche hat eine wichtige Bedeutung für das optische Gesamterscheinungsbild. Die Abweichung ist noch akzeptabel (vgl. Position 1a in der Bewertungsgrafik).

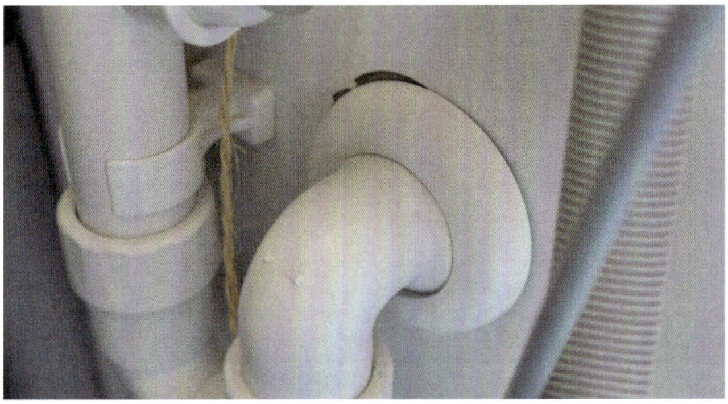

Abb. 2.37: Zu großer, nicht von der Rosette überdeckter Ausschnitt in einer Wandfliese hinter einer Waschmaschine

Auf Abb. 2.37 ist ein zu groß ausgeführter Fliesenausschnitt für die Wandeinführung des Abwasserrohres einer Waschmaschine in einem Waschkeller zu erkennen. Die Abdeckrosette überdeckt den Fliesenausschnitt nur unvollständig.

Hinweis: Die in Abb. 2.36 dargestellte Abplatzung kann mit einem Fliesenlack ausgebessert werden. Für eine eventuell verbleibende geringe Abweichung kommt eine zusätzliche Minderung nicht in Betracht.

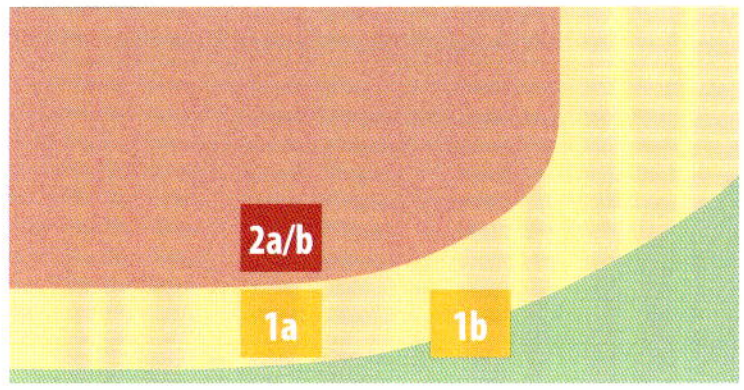

2 Mangelbeseitigung (nicht zu akzeptierende Abweichung)

Abb. 2.38: Der zu groß hergestellte Fliesenausschnitt wurde mit einem Dichtstoff verschlossen.

Abb. 2.39: Zu großer, durch den Temperaturregler nicht vollständig überdeckter Ausschnitt in der Wandfliese eines Badezimmers

Abb. 2.38 zeigt eine Wandfliese unter einem Handwaschbecken in einem Bad, die im Bereich der Wandeinführung eines Abwasserrohres deutlich zu groß ausgeschnitten wurde. Die Fehlstelle wurde mit einem Dichtstoff geschlossen.

Auch in diesem Beispiel ist die betroffene Stelle unter dem Waschbecken zwar aus der betrachtungsüblichen stehenden Position nicht einsehbar, jedoch sehr wohl aus der sitzenden Position vom WC oder von der Badewanne aus. Der Grad der Beeinträchtigung für das wichtige optische Erscheinungsbild kann somit als sichtbar eingestuft werden.

Die mit einem Dichtstoff durchgeführte Nachbesserung ist nicht fachgerecht, sie ist nicht zu akzeptieren (vgl. Position 2a in der Bewertungsgrafik). Zur Mangelbeseitigung wäre zumindest eine teilflächige Neuherstellung der Fliesenbekleidung erforderlich gewesen.

Abb. 2.39 zeigt den zu großen Ausschnitt einer Wandfliese in einem Badezimmer, auf der ein Temperaturregler montiert wurde. Die optische Beeinträchtigung ist von einer im Raum anwesenden Person aus einem gebrauchsüblichen Abstand sichtbar. Das optische Erscheinungsbild der Wandfliesenbekleidung im Badezimmer ist als wichtig einzustufen. Die Abweichung ist nicht zu akzeptieren (vgl. Position 2b in der Bewertungsgrafik).

Hinweis: Der Einbau der zu groß ausgeschnittenen Wandfliese (Abb. 2.38) hätte sich bei Anwendung einer üblichen handwerklichen Sorgfalt vermeiden lassen.

2.11 Fliesenbekleidung mit nicht ausgerichtetem Fugenbild

1 Mangelbeseitigung, eventuell Minderung (noch akzeptable Abweichung)

Die Wandflächen eines Bades sind mit Fliesen in Abmessungen von ca. 30 cm × 60 cm bekleidet. Die Fliesen sind liegend im wilden Läuferverband verlegt.

Abb. 2.40: Wandbekleidung aus liegend im wilden Läuferverband verlegten Fliesen

Entlang der Wandkehle sind aufgrund des wilden Verbandes Fliesen unterschiedlicher Länge verlegt (siehe Abb. 2.40). Der wilde Läuferverband setzt sich über die Wandkehle fort. In einer Reihe endet der wilde Verband mit einem etwa 1 cm langen Fliesenstück (siehe Abb. 2.41).

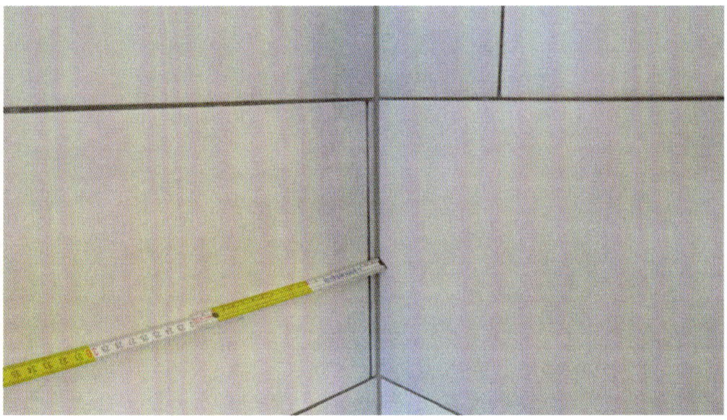

Abb. 2.41: Detail der Wandbekleidung im Eck mit sehr schmalem Fliesenstreifen

Die Abweichung vom durchlaufenden wilden Läuferverband im Eck ist aufgrund der Anordnung der Badewanne (Kopfseite an der Wand) beim Baden nicht einsehbar. Die maßgebliche übliche Betrachterposition ergibt sich damit vor der Badewanne stehend. Aus dieser Position ist die Abweichung kaum erkennbar.

Die Flieseneinteilung in Bädern zählt zu den wesentlichen gestalterischen Kriterien. Das Gewicht des optischen Erscheinungsbildes der Flieseneinteilung ist in Bädern als wichtig einzustufen.

Die vorliegende Abweichung ist daher als noch akzeptabel einzustufen.

Hinweis: Schmale Fliesenstreifen mit wenigen Zentimetern Breite entsprechen einer durchschnittlichen sorgfältigen handwerklichen Ausführung nicht und sind deshalb nachzubessern. Im vorliegenden Fall kann unter Berücksichtigung der gebrauchsüblichen Betrachtungssituation eine Minderung begründet werden.

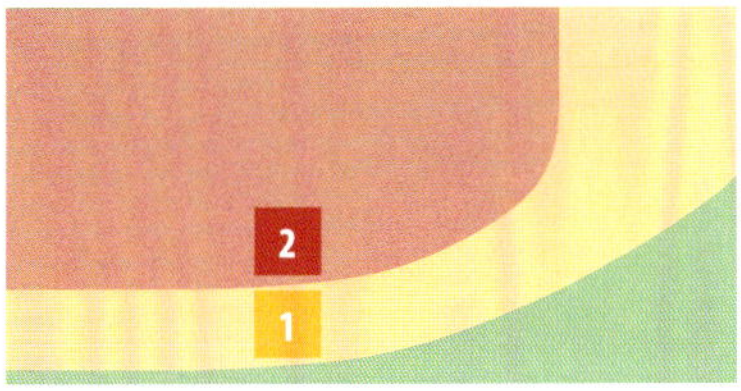

2 Mangelbeseitigung (nicht zu akzeptierende Abweichung)

Abb. 2.42: Wandbekleidung aus liegend im Kreuzverband verlegten Fliesen

Abb. 2.43: Detail der Flieseneinteilung in der Ecke

Die Wandflächen eines Bades sind mit Fliesen in Natursteinoptik mit Abmessungen von ca. 30 cm × 60 cm bekleidet. Die Fliesen sind liegend im Kreuzverband verlegt (siehe Abb. 2.42).

An der Wand entlang der Schmalseite der 80 cm breiten Badewanne, die auch als Dusche genutzt werden kann, ist ein 20 cm breiter Fliesenstreifen verlegt (siehe Abb. 2.43). An der Längsseite der Badewanne beginnt die Flieseneinteilung an der Wand mit einer ganzen Fliese, d. h.mit einer 60 cm langen Fliese.

Die übliche Betrachterposition ist in diesem Fall vor und in der Badewanne stehend. Der Charakter des Fliesenbildes liegender Fliesen wird bei diesen Betrachterpositionen von den kürzeren Fliesen im Eck sichtbar gestört.

Die Flieseneinteilung in Bädern zählt zu den wesentlichen gestalterischen Kriterien. Das Gewicht des optischen Erscheinungsbildes der Flieseneinteilung ist in Bädern als wichtig einzustufen.

Die vorliegende Abweichung ist daher als nicht zu akzeptieren einzustufen.

Hinweis: In diesem Fall wäre eine Fliesenteilung mit gleicher Breite zu beiden Seiten der Innenecke möglich gewesen, die wegen der geringen Streifenbreite aber auch als Unregelmäßigkeit aufgefallen wäre. Das Beispiel zeigt die Notwendigkeit einer Abstimmung der Flieseneinteilung zwischen den am Bau Beteiligten vor der Ausführung der Fliesenarbeiten.

2.12 Fliesenbekleidung mit Höhenversätzen

1 Bagatelle (zu akzeptierende Abweichung)

In einem Wohnungsbad wurden Wandfliesen aus Feinsteinzeug im Format von ca. 15 cm × 60 cm liegend im Drittelverband verlegt (siehe Abb. 2.44). Die einzelnen Platten weisen fertigungsbedingt eine Mittelpunktswölbung auf. Bedingt durch die Verlegung im Verband kommen an den T-Stößen die Ecken zweier Platten neben einer Plattenkante zu liegen. Die Wölbung einer Platte im Verlauf ihrer Kanten hat zur Folge, dass Ecken und Kanten benachbarter Platten nicht höhengleich eingebaut werden können. Es entstehen Höhenversätze, die im vorliegenden Fall in einer Größenordnung von ca. 1,0 bis 1,3 mm (vereinzelt bis ca. 1,5 mm) liegen.

Abb. 2.44: Wandfliesen im Drittelverband mit geringen Höhenversätzen an den T-Stößen

In einem anderen, vergleichbaren Fall sind Platten im Format von ca. 20 cm × 50 cm im Verband verlegt (siehe Abb. 2.45). Auch diese Platten sind bedingt durch die Herstellung im Verlauf ihrer Kanten leicht gewölbt. An den T-Stößen benachbarter Platten verbleiben deswegen Höhenversätze in einer Größenordnung bis ca. 1,2 mm.

Abb. 2.45: Wandfliesen im Verband mit geringen Höhenversätzen an den T-Stößen

Von den Höhenversätzen geht in beiden Fällen eine nur kaum erkennbare Störwirkung im optischen Erscheinungsbild einer Wandfläche aus. Das Gewicht des optischen Erscheinungsbildes ist als wichtig einzustufen.

Unter Berücksichtigung unvermeidbarer fertigungsbedingter und verlegungsbedingter Abweichungen sind die festgestellten Höhenversätze als Bagatelle zu bewerten.

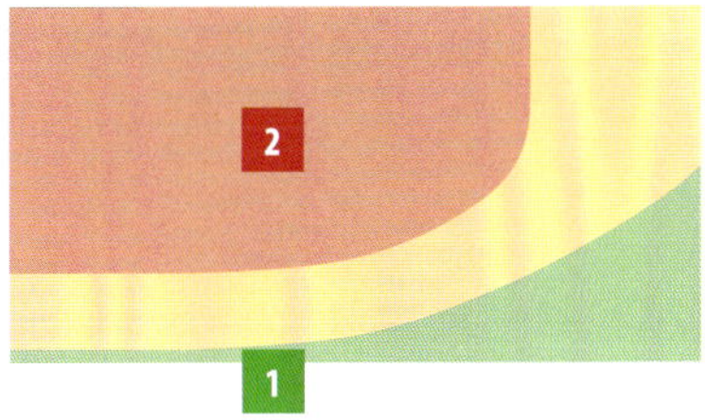

2 Mangelbeseitigung (nicht zu akzeptierende Abweichung)

Abb. 2.46: Wandfliesen im Drittelverband mit gut sichtbaren Höhenversätzen

Abb. 2.47: Wandfliesen im Drittelverband mit gut sichtbaren Höhenversätzen

Bei der Errichtung einer Wohnanlage sind in den Bädern Wandfliesen im Format von ca. 15 cm × 60 cm im Drittelverband verlegt worden. An den T-Stößen dieser Platten treten Höhenversätze in einer Größenordnung von ca. 2,0 bis 2,5 mm auf. Diese sind primär durch vergleichsweise große Maßabweichungen in der Herstellung der Platten bedingt. Bei der Verlegung wurden die gewölbten Kanten der Platten nur teilweise bzw. nicht ausreichend weit ausgeglichen (siehe Abb. 2.46 und 2.47).

Das Gewicht des optischen Erscheinungsbildes der Wandfliesenbekleidung ist als wichtig einzuordnen, der Grad der optischen Beeinträchtigung durch die Höhenversätze als gut sichtbar.

Die Höhenversätze an den T-Stößen stellen in diesem Fall eine nicht zu akzeptierende Abweichung dar.

Hinweis: Bei Verlegung im Verband mit T-Stößen müssen Platten höherer Maßhaltigkeit verwendet werden als bei Verlegung mit Kreuzfuge. Im Drittelverband ist diese Problematik weniger ausgeprägt als im Halbverband. Bei einer Verlegung mit Kreuzfuge kommen näherungsweise immer gleichartig verwölbte Bereiche nebeneinander zu liegen und die Problematik der Höhenversätze tritt deutlich geringer in Erscheinung.

2.13 Füllstabgeländer mit Winkelabweichungen

1 Bagatelle (zu akzeptierende Abweichung)

Im Treppenhaus eines Supermarktes, in dem kein Publikumsverkehr stattfindet, wurde ein Füllstabgeländer mit Edelstahlhandlauf ausgeführt. Im Podestbereich befindet sich der Untergurt des Geländers auf Höhe der Oberkante des mit Fliesen belegten Fußbodens. Er läuft nicht parallel zur Deckenstirnseite (siehe Abb. 2.48).

Eine Messung ergab, dass das nach DIN 18202 zulässige Stichmaß der Winkelabweichung, d. h. 6 mm bei einem Nennmaß von 0,5 bis 1 m, noch eingehalten ist.

Aus einer üblichen Betrachterposition ist der Grad der optischen Beeinträchtigung als kaum erkennbar einzustufen. Das Gewicht des Treppengeländers für das optische Erscheinungsbild ist als eher unbedeutend zu bewerten.

Es liegt somit eine zu akzeptierende Abweichung vor.

Abb. 2.48: Treppengeländer mit zu akzeptierender Winkelabweichung zur Geschossdecke

Hinweis: Bei einer Abweichung wie der oben beschriebenen Bagatelle läge ein optischer Mangel vor, wenn die Bedeutung des Treppengeländers für das optische Erscheinungsbild als wichtig oder sehr wichtig einzuordnen ist, d. h. z. B. bei Einbau im öffentlich zugänglichen Treppenhaus eines Supermarktes. Es wäre dann im Einzelfall zu entscheiden, ob dieser Mangel durch eine Minderung abgegolten werden kann. Dies würde somit auch gelten, wenn die zulässigen Maßtoleranzen nach DIN 18202 eingehalten sind.

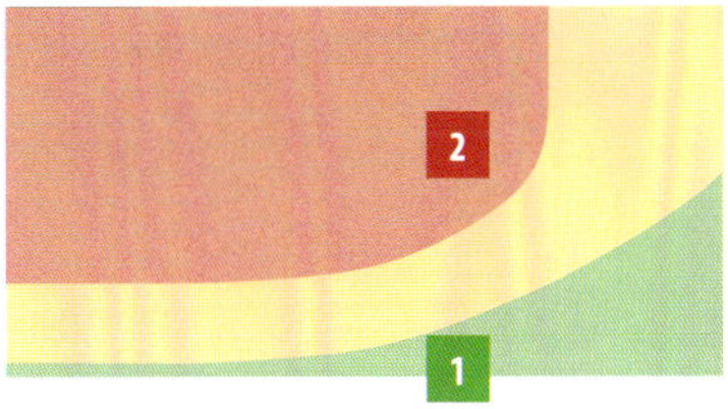

2 Mangelbeseitigung (nicht zu akzeptierende Abweichung)

Abb. 2.49: Große, gut sichtbare Winkelabweichung

Abb. 2.50: Das Geländer verläuft deutlich sichtbar nicht parallel zur Stirnseite der Geschossdecke.

In dem zuvor beschriebenen Treppenhaus gibt es jedoch auch Bereiche, in denen deutlich größere Abweichungen vorhanden sind.

Die in den Abb. 2.49 und 2.50 dargestellten Winkelabweichungen liegen außerhalb der Toleranzen nach DIN 18202.

Da die Störwirkung durch die Abweichungen als gut sichtbar einzustufen ist, ergibt sich auch unter Berücksichtigung des eher unbedeutenden Gewichts des optischen Erscheinungsbildes die Bewertung als nicht zu akzeptierende Abweichung.

Zur vollständigen Beseitigung des optischen Mangels ist eine Nachbesserung bzw. Neuherstellung des Geländers erforderlich.

2.14 Trockenbauwände aus Gipsbauplatten mit Farb- und Strukturabweichungen

1 Mangelbeseitigung (nicht zu akzeptierende Abweichung)

In einem hochwertig ausgestatteten Wohngebäude besteht die Außenwand eines Wohnraumes aus einer bodentiefen und bündig mit den Wänden abschließenden Verglasung.

Beim Betreten des Raumes streift der Blick des Betrachters die Oberfläche einer Gipskarton-Innenwand. An der vollflächig gespachtelten und weiß gestrichenen Wandoberfläche sind aus dieser Position Strukturunterschiede mit einem fleckigen Erscheinungsbild sichtbar (siehe Abb. 2.51). Diese Abweichungen sind nicht zu erkennen, wenn der Betrachter im Raum stehend frontal auf die Wand blickt (siehe Abb. 2.52).

Die vollflächig glatt gespachtelten Wandoberflächen haben eine sehr wichtige Bedeutung für das optische Erscheinungsbild des Raumes. Die Strukturunterschiede, die beim Betreten des Raumes permanent sichtbar sind, stellen eine nicht zu akzeptierende Abweichung dar.

Abb. 2.51: Beim Betreten des Raumes sind die Abweichungen an der permanent im Streiflicht erscheinenden Wandoberfläche sichtbar.

Abb. 2.52: Bei frontaler Betrachtung sind keine Abweichungen an der Wandoberfläche zu erkennen.

Hinweis: Ein durch die bauliche Gestaltung vorgegebener permanenter Streiflichteinfall ist als Situation im Gebrauchszustand anzusehen. Das muss bei der Planung und Ausführung der betroffenen Oberflächen berücksichtigt werden.

2 Mangelbeseitigung (nicht zu akzeptierende Abweichung)

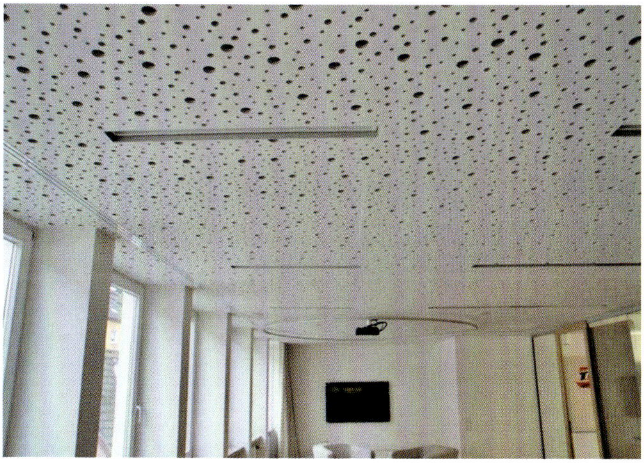

Abb. 2.53: Unterdecke aus Gipskarton-Lochplatten

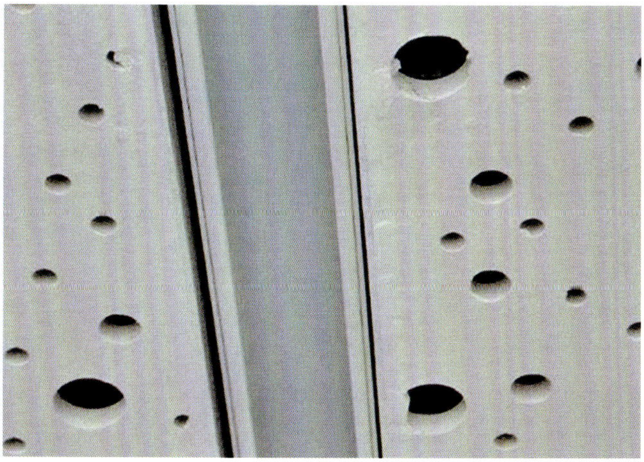

Abb. 2.54: Unsauber gespachtelte Kanten entlang der Aussparung für eine Deckenleuchte

In den repräsentativen Geschäftsräumen eines Unternehmens mit regelmäßigen Kundenbesuchen besteht die abgehängte Unterdecke aus Gipskarton-Lochplatten (siehe Abb. 2.53). Vereinbart wurde eine Oberfläche der Qualitätsstufe Q3.

Entlang der Kanten der Aussparungen, die für den Einbau der Deckenleuchten angelegt worden waren, wurde die Gipskarton-Lochplattendecke stellenweise unsauber gespachtelt (siehe Abb. 2.54). Die optische Beeinträchtigung infolge der Abweichungen ergibt sich aus betrachtungsüblicher Standposition und ist als sichtbar einzustufen.

Die Gipskarton-Lochdeckenplatte hat als gestalterisches Element eine sehr wichtige Bedeutung für das optische Gesamterscheinungsbild. Die Abweichungen sind bei der vereinbarten Qualitätsstufe Q3 nicht zu akzeptieren.

Hinweis: Bei Bauteiloberflächen mit gestalterischer Funktion in repräsentativen Räumen und sehr wichtiger Bedeutung für das optische Erscheinungsbild, können auch geringe Abweichungen einen optischen Mangel darstellen.

2.15 Trockenbauwände mit Schattenfuge beim Deckenanschluss

1 Bagatelle (zu akzeptierende Abweichung)

In einer hochwertig ausgestatteten Wohnung wurden die Innenwände als Leichtbauwände aus Gipsbauplatten ausgeführt. Der Anschluss an die Geschossdecke wurde mit Schattenfugen hergestellt (siehe Abb. 2.55), in deren Bereich der Putz abgerundet in Form einer Hohlkehle ausgebildet wurde. Es sind geringfügige Abweichungen in der Fugenbreite vorhanden. Das optische Erscheinungsbild wird dadurch nicht beeinträchtigt.

Abb. 2.56 zeigt die Anschlussfuge in einer Raumecke. Die hohlkehlenartige Ausrundung der Deckenanschlussfuge weist Materialüberstände und Ansätze auf, die nur bei genauem Hinsehen zu erkennen sind.

Die Bedeutung der betroffenen Bauteile für das optische Gesamterscheinungsbild ist als wichtig, die Störwirkung jedoch als kaum erkennbar zu bewerten.

Es liegen hier zu akzeptierende Abweichungen vor.

Abb. 2.55: Schattenfuge zwischen Gipskartonbekleidung und Geschossdecke

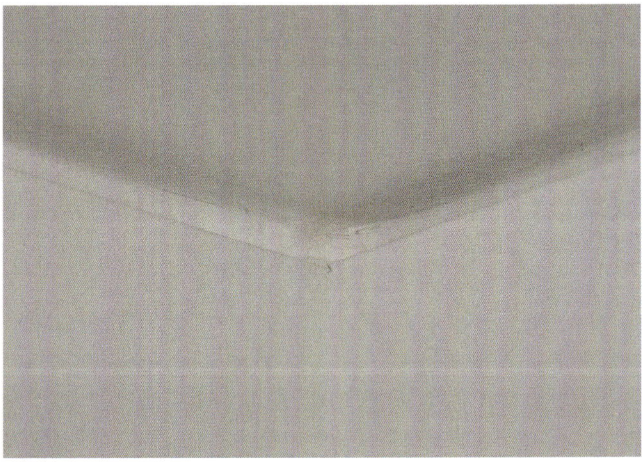

Abb. 2.56: Zu akzeptierende Ausführung des Putzes im Deckenanschluss

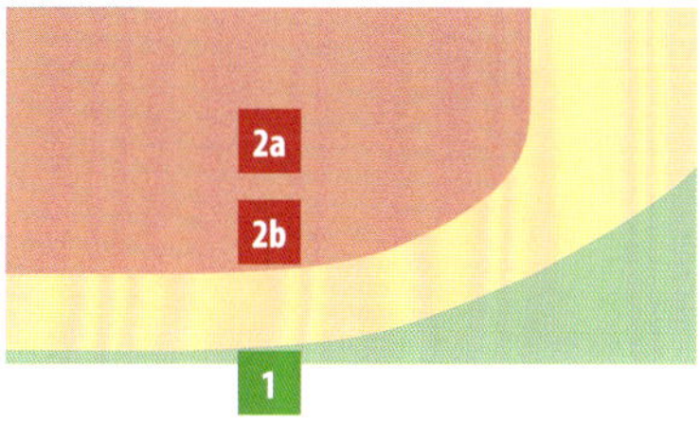

2 Mangelbeseitigung (nicht zu akzeptierende Abweichung)

Abb. 2.57: Schattenfuge mit variierender Breite und Tiefe

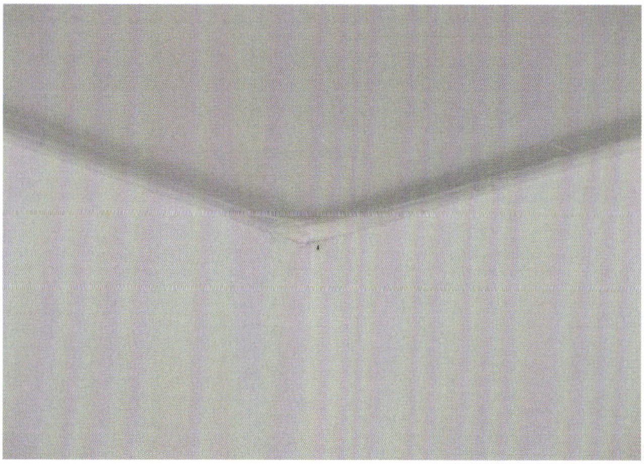

Abb. 2.58: Eckbereich mit deutlichen, nicht zu akzeptierenden Bearbeitungsspuren

In derselben Wohnung sind Bereiche vorhanden, in denen die Schattenfuge in ihrer Breite und Tiefe so stark differiert, dass diese Abweichungen auch aus einer üblichen Betrachterposition gut sichtbar sind (siehe Abb. 2.57; vgl. Position 2a in der Bewertungsgrafik).

Abb. 2.58 zeigt die Fuge beim Deckenanschluss in einer Raumecke. Es sind Bearbeitungsspuren und Fehlstellen zu erkennen, die bei Anwendung einer üblichen handwerklichen Sorgfalt hätten vermieden werden können. Der Grad der optischen Beeinträchtigung durch die Abweichung ist als sichtbar zu klassifizieren (vgl. Position 2b in der Bewertungsgrafik).

Die Bedeutung der betroffenen Bauteile für das optische Erscheinungsbild ist in beiden Fällen als wichtig zu bewerten.

Die Abweichungen sind somit nicht zu akzeptieren.

Zur Mangelbeseitigung sind die betroffenen Anschlussbereiche nachzubessern.

3 Fenster und Türen

3.1 Eingangstür mit Beschädigungen am Einbohrband

1 Bagatelle (zu akzeptierende Abweichung)

Die Wohnungseingangstüren einer Wohnanlage mit Laubengängen bestehen aus glatten Sperrtüren aus Holz (siehe Abb. 3.1). Die Türblätter sind bandseitig an 3 Punkten befestigt. Die Türbänder sind als Einbohrbänder im Rahmen des Türblattes verankert.

Eines der Türblätter weist im Bereich des unteren Bandes eine etwa 2 mm große kreisrunde Fehlbohrung und kleinere Absplitterungen in der Holzoberfläche des Türblattes auf (siehe Abb. 3.2).

Die Befestigungsstellen des Türblattes sind bei geöffneter Tür einsehbar. Der maßgebende Betrachtungsabstand ergibt sich damit aus stehender Position vor der Tür (siehe Abb. 3.1). Aus diesem Abstand sind die Absplitterungen und die Fehlstelle nicht erkennbar.

Wohnungseingangstüren auf Laubengängen sind für das optische Erscheinungsbild der Fassaden und der Wohnungszugänge wichtige Elemente.

Die kleinen Absplitterungen und die Fehlbohrung beeinträchtigen das optische Erscheinungsbild nicht. Die Fehlstellen können folglich als zu akzeptierende Abweichungen eingestuft werden.

Abb. 3.1: Untere Befestigung einer Wohnungseingangstür an einem Laubengang

Abb. 3.2: Detailaufnahme des unteren Einbohrbandes

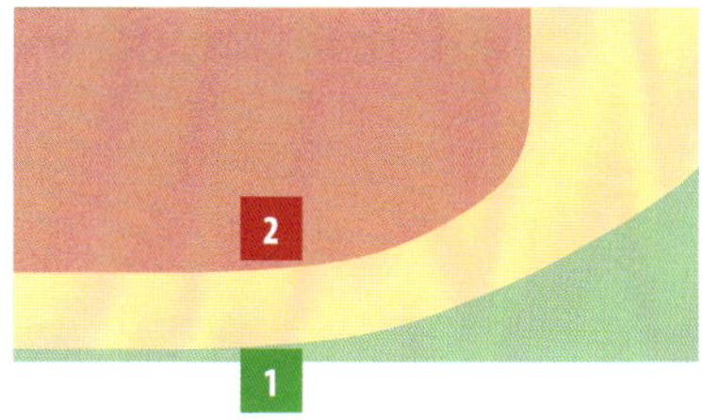

2 Mangelbeseitigung (nicht zu akzeptierende Abweichung)

Abb. 3.3: Blick auf den unteren Bereich einer Wohnungseingangstür

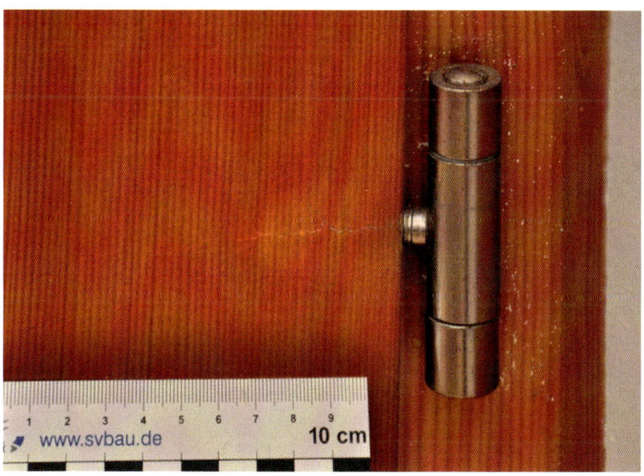

Abb. 3.4: Detail der Rissbildung im Furnier des Türblattes

In einem Wohngebäude bestehen die Wohnungseingangstüren aus glatten Holzsperrtüren mit furnierter Oberfläche (siehe Abb. 3.3). Die Türblätter sind bandseitig an 3 Punkten befestigt. Die Türbänder sind als Einbohrbänder im Rahmen der Türblätter verankert.

Die zur Wohnung gerichtete Seite eines Türblattes weist auf Höhe des unteren Einbohrbandes einen horizontalen, etwa 4 cm langen Riss im Furnier auf (siehe Abb. 3.4).

Der maßgebliche Betrachtungsabstand ist die stehende Position vor der Tür (siehe Abb. 3.3). Von dort aus führt die Rissbildung zu einer sichtbaren Beeinträchtigung des optischen Erscheinungsbildes.

Wohnungseingangstüren sind für das optische Erscheinungsbild innerhalb der Wohnung wichtige Elemente.

Der sichtbare Riss ist als nicht zu akzeptierende Abweichung zu bewerten.

Hinweis: Bei der Beurteilung des Sachverhaltes wurden auch die Auswirkungen des Risses auf die Tragfähigkeit des Bandes untersucht. Hierbei ergaben sich keine Hinweise auf eine reduzierte Tragfähigkeit.

3.2 Holzfenster mit sichtbar verschraubter Glashalteleiste

1 Bagatelle (zu akzeptierende Abweichung)

In einem älteren Einfamilienwohnhaus mit gehobener Ausstattung wurden die Fenster gegen hochwertige Holz-Aluminium-Fenster mit Blendrahmen aus Lärchenholz ausgetauscht (siehe Abb. 3.5).

An den fest stehenden Elementen sind die Verglasungen über Glashalteleisten an den Blendrahmen befestigt. Für die Befestigung der Glashalteleisten sind sichtbare Edelstahlschrauben verwendet worden.

Eine der Schrauben ist an der Oberfläche der Glashalteleiste leicht schräg eingedreht worden. Die eine Seite des Schraubenkopfes liegt tiefer im Holz als die andere (siehe Abb. 3.6).

Der gebrauchsübliche Betrachtungsabstand zu einem Fenster ergibt sich aus stehender Position, wobei der Abstand im Allgemeinen mit ca. 1 m anzusetzen ist. Von dort aus ist die Abweichung nicht erkennbar.

Die hochwertigen Fenster mit sichtbar belassener Holzstruktur sind ein wichtiger Bestandteil des optischen Erscheinungsbildes.

Der aus gebrauchsüblichem Abstand nicht erkennbare Schrägsitz der Verschraubung ist als Bagatelle zu akzeptieren.

Abb. 3.5: Blick auf die Glashalteleiste der Festverglasung

Abb. 3.6: Detail der Verschraubung mit Edelstahlschrauben

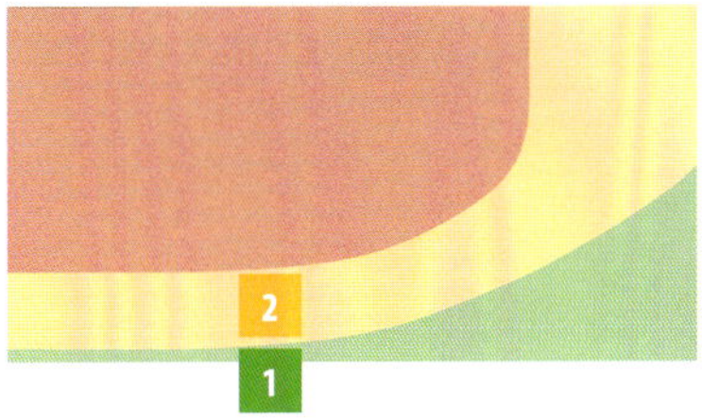

2 Mangelbeseitigung, eventuell Minderung (noch akzeptable Abweichung)

Abb. 3.7: Blick auf die Glashalteleiste der Festverglasung

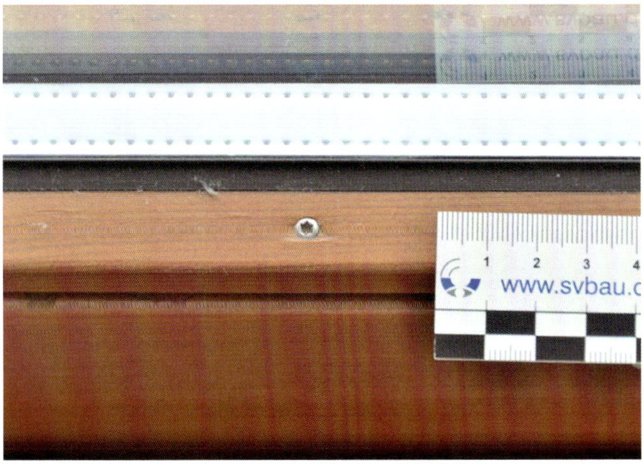

Abb. 3.8: Detail der Verschraubung mit Edelstahlschrauben

In einer hochwertig ausgestatteten Penthousewohnung sind die Verglasungen der großflächigen Fensterelemente unter Verwendung von Glashalteleisten eingebaut (siehe Abb. 3.7). Die Blendrahmen und die Glashalteleisten sind mit einer Dickschichtlasur gestrichen.

Die Glashalteleisten sind mit Edelstahlschrauben im Blendrahmen befestigt. Einige der Schrauben sind so tief in das Holz der Glashalteleisten versenkt, dass die Beschichtung eingerissen ist (siehe Abb. 3.8).

Der gebrauchsübliche Betrachtungsabstand eines Fensters ergibt sich aus stehender Position mit einem Abstand von etwa 1 m zum Fenster. Von dort aus beeinträchtigt der Riss in der Beschichtung das optische Erscheinungsbild kaum erkennbar.

Die Fenster in der hochwertig ausgestatteten Penthousewohnung prägen das optische Erscheinungsbild der Räume und sind daher von wichtiger Bedeutung.

Die kaum erkennbaren Abweichungen können als noch akzeptabel eingestuft werden.

Für eine Nachbesserung wird eine Überarbeitung der Glashalteleiste hinsichtlich Eindruckstelle und Beschichtung erforderlich.

3.3 Holzfenster mit Ausnehmungen

1 Ohne Abweichung (zu akzeptieren)

An den bodentiefen Verglasungen einer hochwertig und individuell ausgestatteten Wohnung sind raumseitig Geländer als Absturzsicherungen eingebaut. Die Geländer bestehen aus einem Ober- und Untergurt aus Flachstahl. Zwischen den beiden Gurten sind vertikal verlaufende Flachstähle als Füllstäbe eingebaut.

Der Ober- und Untergurt jedes Geländerfeldes weist eine Abkantung nach unten auf. Für die Aufnahme der Abkantungen sind in dem seitlichen Blendrahmen der Festverglasungen Aussparungen vorhanden. Die Abkantungen der Geländer wurden in die Ausnehmungen eingesetzt und dort mit Edelstahlschrauben befestigt (siehe Abb. 3.9 und 3.10).

Die hochwertigen Fenster und die im Detail geplante Befestigung der Geländer im Blendrahmen sind ein sehr wichtiger Bestandteil des gestalterischen Konzeptes dieser Wohnung.

Bei den in Abb. 3.9 und 3.10 dargestellten Ausnehmungen sind keine Abweichungen in optischer Hinsicht zu erkennen. Es handelt sich um eine mangelfreie handwerkliche Ausführung.

Abb. 3.9: Befestigung der Geländer in einem Blendrahmen

Abb. 3.10: Detail der Ausnehmung an einem Blendrahmen

2 Mangelbeseitigung (nicht zu akzeptierende Abweichung)

Abb. 3.11: Zu große Ausnehmung an einem Blendrahmen

Abb. 3.12: Detail der zu großen Ausnehmung

In demselben Objekt sind an den Blendrahmen der Fenster auch Ausnehmungen vorhanden, die größer sind als die Abkantungen an den Ober- und Untergurten der Geländer (siehe Abb. 3.11).

In Abb. 3.12 ist die zu große Ausnehmung im Detail zu erkennen. Die Ausnehmung im Holz ist etwa 5 bis 8 mm höher geführt als erforderlich.

Bei Betrachtung aus gebrauchsüblichen Abstand (stehende Position in einem Abstand von etwa 1 m zum Fenster) ist der Spalt oberhalb des Flachstahlgurtes gut sichtbar.

Die hochwertigen Fenster und die im Detail geplante Befestigung der Geländer im Blendrahmen sind ein sehr wichtiger Bestandteil des gestalterischen Konzeptes dieser Wohnung.

Die nicht maßgenau hergestellten Ausnehmungen beeinträchtigen das optische Erscheinungsbild gut sichtbar und sind deshalb als nicht zu akzeptierende Abweichungen einzustufen.

3.4 Schwellenprofil einer Hebeschiebetür mit Rostflecken

1 Bagatelle (zu akzeptierende Abweichung)

In einer hochwertig ausgestatteten Penthousewohnung sind an den Ausgängen zu den Dachterrassen Hebeschiebetüren eingebaut. Die Bodenschwellen der verschieblichen Elemente sind mit Schwellenprofilen aus Aluminium abgedeckt. Diese haben auch die Funktion einer Führungsschiene.

Auf der Oberfläche eines Schwellenprofils befinden sich punktuelle rostfarbene Flecke. Der bei einer Ortsbesichtigung vorgefundene Zustand ist durch die Abb. 3.13 und 3.14 dokumentiert. Das Schwellenprofil weist demnach sehr kleine Rostflecke auf, die nur aus sehr geringer Entfernung zu erkennen sind.

Die Bodenschwelle wird beim Durchschreiten der Hebeschiebetür optisch wahrgenommen. Der übliche Betrachtungsabstand ergibt sich daher aus der stehenden Position beim Hinausgehen auf die Dachterrasse. Aus dieser Position sind keine Rostflecke zu erkennen.

Die Bodenschwelle hat als Bestandteil des Übergangs zwischen Wohnung und Dachterrasse eine wichtige optische Funktion.

Die nur aus nächster Nähe erkennbaren Rostflecke sind als Bagatelle zu akzeptieren.

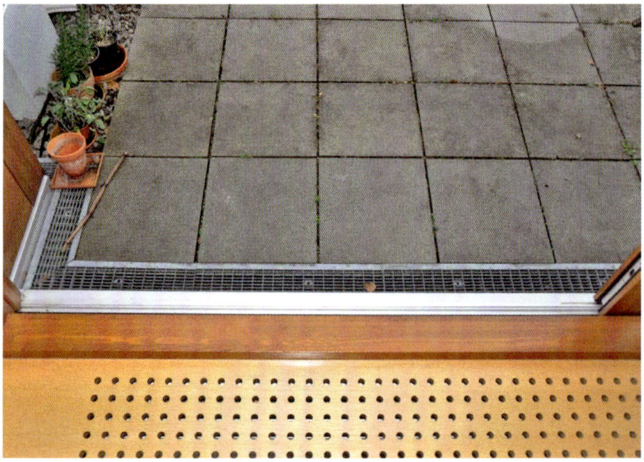

Abb. 3.13: Bodenschwelle der Hebeschiebetür

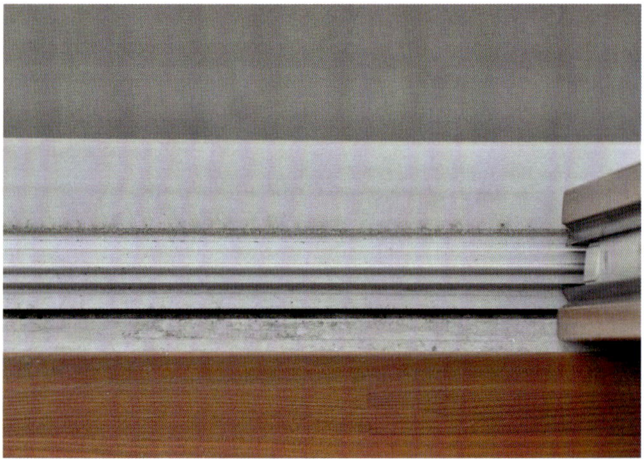

Abb. 3.14: Detail der Bodenschwelle mit kaum erkennbaren Rostflecken

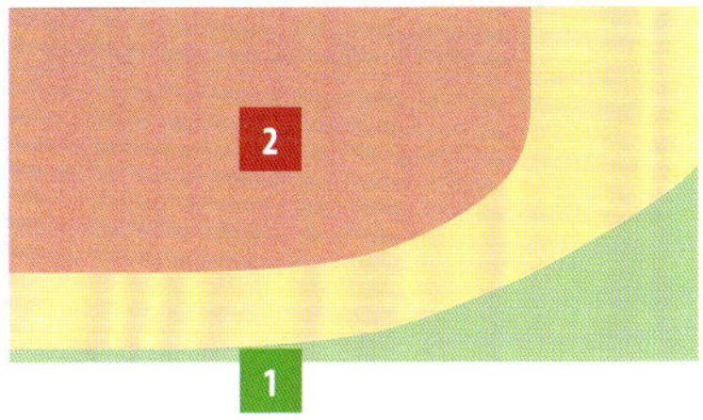

2 Mangelbeseitigung (nicht zu akzeptierende Abweichung)

Abb. 3.15: Schwellenprofil der Hebeschiebetür mit Rostflecken

Abb. 3.16: Rostflecke auf dem Schwellenprofil im Detail

An 2 weiteren Hebeschiebetüren desselben Wohngebäudes sind an den Schwellenprofilen gehäufte Rostflecke mit größerer Ausprägung vorhanden.

In Abb. 3.15 sind die Rostflecke aus gebrauchsüblichem Abstand (stehende Position) aufgenommen. Sie sind gut sichtbar.

Abb. 3.16 zeigt die Rostflecke an einem weiteren Schwellenprofil im Detail. Sie sind nicht nur in der Detailaufnahme, sondern auch bei Betrachtung aus gebrauchsüblichem Abstand gut sichtbar. Das optische Erscheinungsbild ist hiervon entsprechend beeinträchtigt.

Die Bodenschwelle hat als Bestandteil des hochwertigen Fensterelementes eine wichtige optische Funktion.

Die Rostflecke stellen nicht zu akzeptierende Abweichungen dar, die erfahrungsgemäß durch gründliches Reinigen und Schleifen der Bodenschwelle kaum zu beseitigen sind.

Hinweis: Metallspäne, die bei Schneidearbeiten während der Bauausführung entstehen, können bei Feuchtigkeitseinwirkung Rostflecke zur Folge haben. Derartige Verschmutzungen sind möglichst zeitnah und vollständig zu entfernen, um bleibende Schäden an Leichtmetalloberflächen zu vermeiden.

3.5 Schwellenprofile und Metallfensterbänke mit Kratzspuren

1 Mangelbeseitigung (nicht zu akzeptierende Abweichung)

Außenseitig vor den Fenstern eines Gebäudes wurden weiß beschichtete Aluminiumfensterbänke eingebaut. Eine dieser Fensterbänke weist mehrere Kratzer in der Oberflächenbeschichtung auf. Infolge von Bewitterung zeichnen sich die Kratzer nach wenigen Monaten Standzeit dunkel ab (siehe Abb. 3.17).

Abb. 3.17: Außenfensterbank mit Kratzern

Die Fensterbank kann nur bei geöffnetem Fenster vom Raum aus eingesehen werden. Von dort aus sind die Kratzer gut sichtbar. Die Störwirkung dieser Abweichung ist der Kategorie gut sichtbar zuzuordnen.

Die beschichteten Fensterbänke sind als gestaltende Elemente der Fassaden ein wichtiges Merkmal des optischen Erscheinungsbildes für den Betrachter am Fenster.

Die Kratzer sind folglich als nicht zu akzeptierende Abweichungen einzustufen.

Hinweis: Die Kratzer an der pulverbeschichteten und einbrennlackierten Oberfläche lassen sich nicht mit Reparaturmaßnahmen beseitigen. Die Fensterbank muss zur Mangelbeseitigung ausgetauscht werden.

2 Mangelbeseitigung (nicht zu akzeptierende Abweichungen)

Abb. 3.18: Streifenförmige Kratzer auf einem Schwellenprofil aus Aluminium (Detailaufnahme)

Abb. 3.19: Schwellenprofil mit punktuellen Beschädigungen (Detailaufnahme)

Für schwellenlose Übergänge bei Balkon- und Terrassentüren werden u. a. flache Metallprofile eingesetzt.

In den Abb. 3.18 und 3.19 sind 2 derartige Schwellenprofile aus Aluminium dargestellt. Das Schwellenprofil in Abb. 3.18 weist streifenartige Kratzspuren auf. Bei der Bodenschwelle in Abb. 3.19 sind punktuelle Beschädigungen am Schwellenprofil zu erkennen.

In beiden Fällen handelt es sich um Beschädigungen aus der Bauzeit, die nicht nur im Detailausschnitt, sondern auch bei Betrachtung aus gebrauchsüblichen Abstand (stehende Position) das optische Erscheinungsbild gut sichtbar stören.

Bodenschwellen haben als Bestandteil des Übergangs zwischen Wohnung und Terrasse/Balkon eine wichtige optische Funktion.

Die dargestellten Beschädigungen sind folglich als nicht zu akzeptierende Abweichungen einzustufen.

Hinweis: Oberflächenbeschädigungen an Aluminiumbauteilen, die während der Bauzeit infolge unzureichender Schutzmaßnahmen entstehen, sind grundsätzlich nicht zu akzeptieren.

3.6 Holzbauteile mit Ausdübelungen

1 Mangelbeseitigung, eventuell Minderung (noch akzeptable Abweichung)

In einem größeren Einfamilienhaus mit gehobener Ausstattung wurden hochwertige Hebeschiebetüren aus einer Holz-Aluminium-Konstruktion eingebaut. Die Hebeschiebetüren dienen dem Zugang zu Terrassen und Balkonen.

An einer der Hebeschiebetüren, deren Holzprofile aus Lärche bestehen, ist am rechten Blendrahmen des Öffnungsflügels in einem Abstand von etwa 80 cm über Oberkante Fußboden eine schmale Ausdübelung mit einer Breite von ca. 6 mm und einer Länge von etwa 50 mm vorhanden (siehe Abb. 3.20 und 3.21). Die Ausdübelung zeichnet sich durch die hellere Färbung des Dübelholzes gegenüber der rötlichen Färbung des angrenzenden Lärchenholzes sichtbar ab.

Abb. 3.20: Ausdübelung an der Seitenfläche des Blendrahmens

Abb. 3.21: Ausdübelung am Blendrahmen im Detail

Die Ausdübelung liegt nicht an der Ansichtsfläche der Hebeschiebetür, sondern an der Seitenfläche des Öffnungsflügels. Daher ist sie bei zentraler Betrachtung aus gebrauchsüblichem Abstand, der im Allgemeinen mit etwa 1 m anzusetzen ist, nicht erkennbar. Die Ausdübelung wird erst sichtbar bei Betrachtung aus spitzem Winkel direkt auf die Seitenfläche des Blendrahmens.

Die hochwertige Hebeschiebetür aus Lärchenholz ist ein sehr wichtiges gestaltendes Element des betreffenden Raumes.

Die nur unter spitzem Betrachtungswinkel sichtbare Ausdübelung beeinträchtig das optische Erscheinungsbild kaum erkennbar und kann daher als noch akzeptable Abweichung beurteilt werden.

2 Mangelbeseitigung (nicht zu akzeptierende Abweichung)

Abb. 3.22: Blick auf das Lichtband

Abb. 3.23: Detailaufnahme der Ausdübelung

In einer hochwertig ausgestatteten Penthousewohnung sind mehrere Lichtbänder aus Lärchenholz mit Öffnungsflügeln ausgestattet.

Im unteren Blendrahmen eines Öffnungsflügels ist eine Ausdübelung mit einer Breite von etwa 20 mm und einer Länge von ca. 70 mm vorhanden, die sich aufgrund der dunkleren Färbung deutlich von den angrenzenden Holzoberfläche unterscheidet (siehe Abb. 3.22). Die Ausbesserung besteht aus 3 nebeneinanderliegenden Holzdübeln (siehe Abb. 3.23).

Aufgrund der Lage des Lichtbandes in einer Höhe von etwa 1,20 m über dem Fußboden befindet sich der untere Blendrahmen im zentralen Blickfeld. Bei Betrachtung aus gebrauchsüblichen Abstand wird das optische Erscheinungsbild des Fensters gut sichtbar beeinträchtigt.

Die hochwertige Ausführung des Lichtbandes ist ein sehr wichtiges Gestaltungselement des betreffenden Raumes.

Die Abweichung ist daher nicht zu akzeptieren.

Hinweis: Unter einer transparenten Beschichtung darf gemäß DIN EN 942 „Holz in Tischlerarbeiten – Allgemeine Anforderungen" (2007) nur jeweils ein Dübel für die Ausbesserung verwendet werden; sog. Kettendübel sind nur bei deckender Beschichtung zulässig und auf 2 nebeneinanderliegende Dübel zu begrenzen.

3.7 Holzleiste mit offenem Gehrungsstoß

1 Bagatelle (zu akzeptierende Abweichung)

In einem Wohngebäude sind die Fensterelemente als Schwingflügelfenster ausgeführt. In die raumseitigen Fensterlaibungen sind umlaufend Laibungsbekleidungen aus der Holzart der Fensterelemente eingebaut.

Die Fuge zwischen dem Schwingflügel und dem Fensterrahmen wurde mit einer Holzleiste abgedeckt, die in den Ecken auf Gehrung geschnitten ist (siehe Abb. 3.24). An der linken unteren Ecke eines Fensters weist der Gehrungsstoß der Holzleiste eine klaffende Fuge von weniger als 1 mm Breite auf (siehe Abb. 3.25). Der Gehrungsstoß ist nicht über die gesamte Breite parallel und geschlossen.

Der gebrauchsübliche Betrachtungsabstand ergibt sich bei Fenstern im Allgemeinen aus stehender Position in einem Abstand von etwa 1 m. Aus dieser Position ist die Abweichung nicht erkennbar und beeinträchtigt das optische Erscheinungsbild nicht.

Die besondere Gestaltung des Fensterelementes ist ein sehr wichtiger Bestandteil des gestalterischen Konzeptes dieser Wohnung.

Die aus gebrauchsüblichem Abstand nicht erkennbare Abweichung kann als Bagatelle eingestuft werden.

Abb. 3.24: Fensterelement mit Schwingflügel und Laibungsbekleidung

Abb. 3.25: Detail des Gehrungsspaltes

2 Mangelbeseitigung (nicht zu akzeptierende Abweichung)

Abb. 3.26: Betrachtung aus gebrauchsüblichem Abstand

Abb. 3.27: Detailaufnahme des offenen Gehrungsstoßes

In Abb. 3.26 ist die rechte untere Ecke des zuvor beschriebenen Fensters dargestellt. An dieser Stelle klafft die Fuge beim Gehrungsstoß der Abdeckleiste ca. 1 bis 2 mm breit auf (siehe Abb. 3.27).

Der offene Gehrungsstoß ist aus gebrauchsüblichem Betrachtungsabstand, der sich bei Fenstern im Allgemeinen aus stehender Position in einem Abstand von etwa 1 m ergibt, sichtbar. Die Störwirkung durch die Abweichung ist in die Kategorie sichtbar einzustufen.

Die Abweichung ist wegen der sehr wichtigen Bedeutung des Fensters für das optische Gesamterscheinungsbild nicht zu akzeptieren.

Hinweis: Abdeckleisten an optisch hochwertigen Fenstern sind mit besonderer handwerklicher Sorgfalt auszuführen. Zur Beseitigung des optischen Mangels können die Abdeckleisten ohne großen Aufwand ausgetauscht werden.

3.8 Holzzarge mit offener Fuge am Eckstoß

1 Bagatelle (zu akzeptierende Abweichung)

In einem Einfamilienwohnhaus sind in einem Wohnraum Lichtbänder mit Festverglasungen und Zargen aus Lärchenholz vorhanden (siehe Abb. 3.28). Die untere Laibung des Lichtbandes liegt etwa 1,90 m über dem Fußboden. Die Laibungsbekleidungen bestehen aus vertikal und horizontal angeordneten Holzbrettern, die in den Ecken stumpf gestoßen sind.

An der linken oberen Ecke der Wandöffnung hat sich die Stoßfuge zur Mitte hin auf ca. 1 mm Breite geöffnet (siehe Abb. 3.29). Am vorderen und hinteren Ende der Stoßstelle liegen die Bretter dicht aneinander.

Aus dem gebrauchsüblichen Abstand einer im Esszimmer stehenden Person ist die betroffene Stelle zwar einsehbar, die Abweichung ist jedoch kaum zu erkennen. Sie wirkt sich auf das Gesamterscheinungsbild nicht aus.

Die aufwendige Gestaltung des Lichtbandes ist für das Esszimmer ein sehr wichtiges Gestaltungsmerkmal.

Die aus gebrauchsüblichem Abstand kaum erkennbare Abweichung ist als Bagatelle zu akzeptieren.

Abb. 3.28: Blick auf das Lichtband mit Holzzarge

Abb. 3.29: Detailaufnahme der offenen Stoßstelle

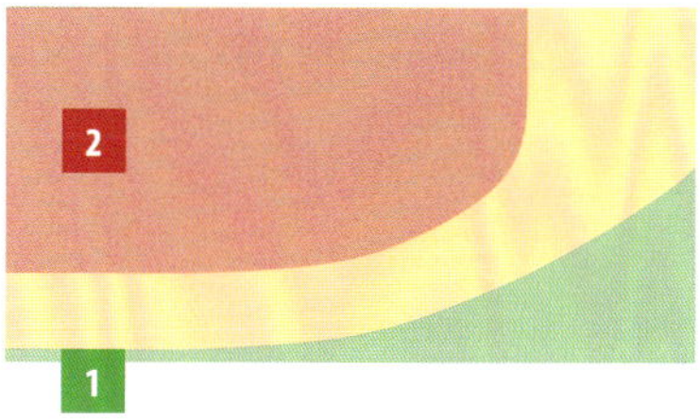

2 Mangelbeseitigung (nicht zu akzeptierende Abweichung)

Abb. 3.30: Übersicht über eines der Lichtbänder

Abb. 3.31: Detail der offenen Stoßstelle

In einer hochwertig ausgestatteten Penthousewohnung sind mehrere Lichtbänder mit Zargen aus Lärchenholz bekleidet. Die Bekleidungen bestehen aus vertikal und horizontal angeordneten Holzbrettern, die in den Ecken stumpf gestoßen sind.

Die untere Laibung eines der Lichtbänder liegt etwa 1,2 m über dem Fußboden (siehe Abb. 3.30). An der rechten unteren Ecke der Wandöffnung ist im hinteren Bereich des Brettstoßes auf einer Länge von ca. 8 cm eine offene, ca. 2 mm breite Fuge vorhanden (siehe Abb. 3.31). An dieser Stelle ist das vertikale Brett zu kurz.

Die Abweichung stört bei Betrachtung aus gebrauchsüblichem Abstand das optische Erscheinungsbild gut sichtbar.

Die aufwendige Gestaltung des Fensters ist ein sehr wichtiges Gestaltungsmerkmal der hochwertig ausgestatteten Wohnung.

Die Abweichung ist folglich nicht zu akzeptieren.

Hinweis: Die dargestellte Abweichung ist die Folge eines handwerklichen Fehlers, der bei Anwendung einer üblichen handwerklichen Sorgfalt nicht auftreten sollte.

3.9 Innentürzarge mit Fuge am Bodenanschluss

1 Bagatelle (zu akzeptierende Abweichung)

In einer Wohnung eines Mehrfamilienwohnhauses bestehen die Innentüren aus weiß beschichteten Holzwerkstoffen.

In Abb. 3.32 ist ein Bodenanschluss der Türzarge beispielhaft dargestellt. Zwischen der Türzarge und dem Bodenbelag ist eine schmale, etwa 1 bis 2 mm breite Fuge vorhanden. Die Fuge verläuft in gleichmäßiger Breite.

Abb. 3.32: Bodenanschluss der Zarge mit schmalem Spalt

Der maßgebende Betrachtungsabstand ergibt sich beim Durchschreiten der Innentür. Aus der stehenden Position wirkt die schmale Fuge wie eine Schattennut.

Türen prägen das optische Erscheinungsbild innerhalb der Wohnung. Sie zählen damit zu den sehr wichtigen Merkmalen der optischen Gestaltung.

Die schmale und gleichmäßige Fuge beeinträchtigt das optische Erscheinungsbild nicht. Sie ist daher als Bagatelle zu akzeptieren.

2 Mangelbeseitigung (nicht zu akzeptierende Abweichung)

Abb. 3.33: Bodenanschluss einer Türzarge mit breiter und keilförmiger Fuge

Abb. 3.34: Weitere breite Fuge in Keilform an Bodenanschluss einer Türzarge

Abb. 3.33 und 3.34 zeigen Bodenanschlüsse der Türzargen von anderen Türen in derselben Wohnung.

Es handelt sich dabei um Türen zwischen dem Flur und dem Schlafzimmer bzw. dem Flur und der Küche. In beiden Fällen sind flurseitig Fugen mit Breiten von mehreren Millimetern entstanden. Die Fugen verlaufen in Richtung der vom Flur aus zugänglichen Räume keilförmig auf 0 mm aus.

Der maßgebende Betrachtungsabstand ergibt sich beim Durchschreiten der Innentüren. Aus der stehenden Position beeinträchtigen die breiten und keilförmig zulaufenden Fugen das optische Erscheinungsbild gut sichtbar.

Türen können als sehr wichtig für das optische Gesamterscheinungsbild eines Raumes eingestuft werden.

Die Abweichungen sind nicht zu akzeptieren.

Hinweis: Der Bodenanschluss von Türzargen muss handwerklich sorgfältig angepasst werden.

3.10 Verglasungen mit Kratzern

1 **Bagatelle (zu akzeptierende Abweichung)**

In einem Wohngebäude weist die Zweischeiben-Isolierverglasung eines großformatigen Fensterelementes im mittleren Bereich einer Scheibe einen einzelnen Haarkratzer mit einer Länge von ca. 40 mm auf (siehe Abb. 3.35). Eine weitere Scheibe zeigt im mittleren Bereich mehrfache Haarkratzer mit Einzellängen bis max. 15 mm und einer Summe aller Einzellängen bis max. 45 mm auf (siehe Abb. 3.36).

Die Haarkratzer beeinträchtigen das optische Erscheinungsbild aus gebrauchsüblichem Betrachtungsabstand kaum erkennbar. Fensterelement und Verglasung sind für das optische Erscheinungsbild als wichtig einzustufen.

Die Kratzer sind bei Mehrscheiben-Isolierglas zu akzeptieren.

Abb. 3.35: Einzelner Haarkratzer mit ca. 40 mm Länge

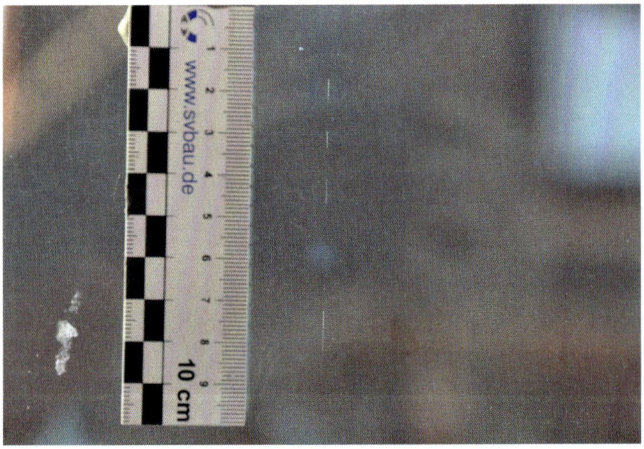

Abb. 3.36: Einzelne Haarkratzer bis max. 15 mm Länge bei einer Summe der Einzellängen bis max. 45 mm

Hinweis: Die Beurteilung von Kratzern in Verglasungen sollte von Sachverständigen immer einzelfallbezogen unter Berücksichtigung gebrauchsüblicher Randbedingungen vorgenommen werden. Technische Regelwerke, u.a. DIN EN 1279-1 „Glas im Bauwesen – Mehrscheiben-Isolierglas – Teil 1: Allgemeines, Systembeschreibung, Austauschregeln, Toleranzen und visuelle

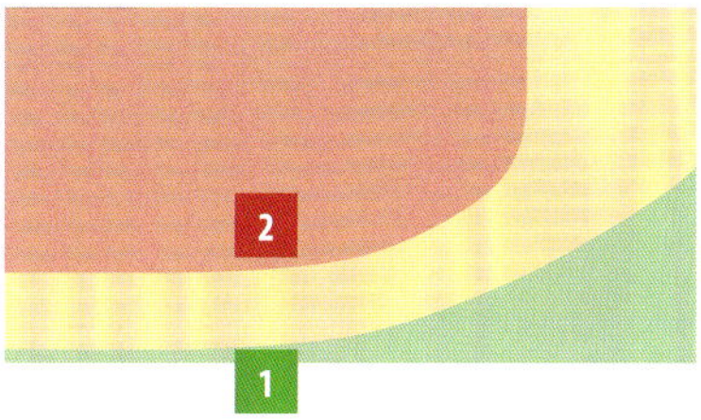

2 Mangelbeseitigung (nicht zu akzeptierende Abweichung)

Abb. 3.37: Gehäufte Kratzer mit Einzellängen von mehr als 15 mm

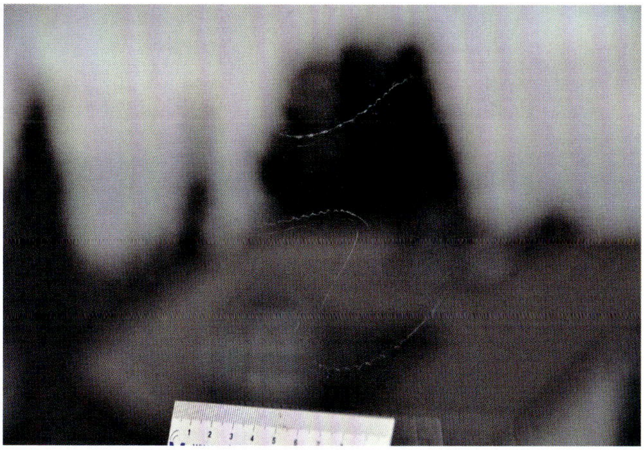

Abb. 3.38: Einzelkratzer mit geschwungenem Verlauf und Einzellängen von mehr als 45 mm

In einem anderen Wohnhaus weisen die Isolierglasscheiben im randnahen Bereich Kratzer in gehäufter Anordnung mit Einzellängen von deutlich mehr als 15 mm und innerhalb der Glasfläche mehrere geschwungene Einzelkratzer mit einer Gesamtlänge von deutlich mehr als 45 mm auf (siehe Abb. 3.37 und 3.38).

Die Störwirkung infolge der Kratzer ist jeweils aus gebrauchsüblichem Betrachtungsabstand sichtbar. Die Fensterelemente einschließlich der Glasscheiben sind als wichtig für das optische Erscheinungsbild einzustufen.

Die Kratzer sind nicht zu akzeptieren.

Qualität" (2018) und die Beurteilungsrichtlinie der Berufsverbände „Richtlinie zur Beurteilung der visuellen Qualität von Glas für das Bauwesen" (Stand März 2019), können zur Beurteilung herangezogen werden, sollten aber unter Würdigung der Einzelfallkriterien kritisch betrachtet werden. Eine dogmatische Anwendung dieser Regelwerke ist bei dieser Thematik nicht sinnvoll.

4 Bodenflächen außen

4.1 Naturwerksteinbelag mit rostbraunen Verfärbungen

1 Bagatelle (zu akzeptierende Abweichung)

Der Eingangsbereich eines Zweifamilienwohnhauses ist mit einem sandsteinfarbenen Granit belegt. Die Platten haben eine Größe von 40 cm × 60 cm und sind im Verband verlegt. Die Plattenoberfläche ist rau. Die mit Platten belegte Fläche beträgt ca. 1,3 m × 6 m.

Eine Platte des Belages weist auf einer Teilfläche von ca. 5 cm × 20 cm aufgrund von Materialeinschlüssen mehrfach punktuelle rostfarbene Verfärbungen auf (siehe Abb. 4.1 und 4.2). Die lokal begrenzten Verfärbungen sind aus einem betrachtungsüblichen Abstand als Abweichung kaum erkennbar, sie beeinträchtigen das als wichtig einzustufende optische Erscheinungsbild des Hauseingangsbereiches nicht.

Die Abweichung stellt eine Bagatelle dar und ist zu akzeptieren.

Abb. 4.1: Materialbedingte rostfarbene Verfärbungen, die aufgrund der marmorierten Struktur in der Gesamtfläche kaum erkennbar sind

Abb. 4.2: Rostfarbene Verfärbungen

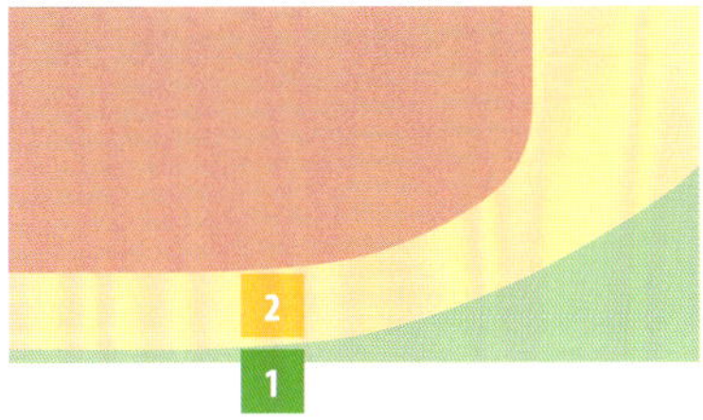

2 Mangelbeseitigung, eventuell Minderung (noch akzeptable Abweichung)

Abb. 4.3: Materialbedingte rostfarbene Verfärbungen

Abb. 4.4: Punktuelle rostfarbene Verfärbungen

Der zuvor beschriebene sandsteinfarbene Granitbelag im Eingangsbereich eines Zweifamilienhauses weist bei einer Platte aufgrund von Materialeinschlüssen insgesamt 3 rostfarbene Flecke innerhalb einer Teilfläche von ca. 3 cm × 15 cm auf (siehe Abb. 4.3 und 4.4).

Die Verfärbungen stören das optische Erscheinungsbild kaum erkennbar, an der Grenze zu sichtbar. Die Abweichung liegt im Grenzbereich materialbedingter Struktur- und Farbdifferenzen, tritt jedoch bei der Betrachtung einer größeren zusammenhängenden Fläche als einzelne Abweichung hervor. Dies schließt eine Einstufung als Bagatelle im vorliegenden Fall aus.

Die Beseitigung des optischen Mangels erfordert die vollflächige Neuherstellung des Plattenbelages. Da die Abweichung noch akzeptabel ist, könnte bei festgestellter Unverhältnismäßigkeit der Mangelbeseitigung ein Minderwert angesetzt werden.

4.2 Natursteinpflaster mit unterschiedlichen Fugenbreiten

1 Bagatelle (zu akzeptierende Abweichung)

Vor einer Ladenzeile im innerstädtischen Bereich sind Verkehrsflächen für Fußgänger mit einem Natursteinpflasterbelag belegt. Dazu wurden Pflastersteine mit den Abmessungen von ca. 100 mm × 100 mm × 100 mm in Bogenform verlegt. Die Abb. 4.5 und 4.6 zeigen den Pflasterbelag im Überblick sowie im Detail. Die Fugenbreiten zwischen den Pflastersteinen variieren innerhalb der Fläche zwischen 10 und 25 mm.

Trotz der unterschiedlichen Fugenbreiten ergibt sich ein einheitliches Gesamtbild. Die Abweichungen in Form der unterschiedlichen Fugenbreite sind in ihrer Störwirkung als kaum erkennbar einzustufen. Das Gewicht des optischen Erscheinungsbildes ist als wichtig zu bewerten.

Es liegt eine zu akzeptierende Abweichung vor.

Abb. 4.5: Bogenförmig verlegtes Natursteinpflaster

Abb. 4.6: Variierende Fugenbreite

Hinweis: Nach VOB/C ATV DIN 18318 „Pflasterdecken und Plattenbeläge, Einfassungen" (2019) sind die Fugen bei Kleinpflastersteinen mit einer Breite von 10 mm ± 5 mm herzustellen. Nach DIN EN 1342 „Pflastersteine aus Naturstein für Außenbereiche – Anforderungen und Prüfverfahren" (2013) sind demgegenüber Abweichungen von den Nennflächenmaßen zwischen gehauenen Flächen von bis zu ±15 mm als Toleranz für die Abmessungen der Pflastersteine zulässig. Zudem werden für die Herstellung der Segmentbögen in der Regel keine Pflastersteine mit

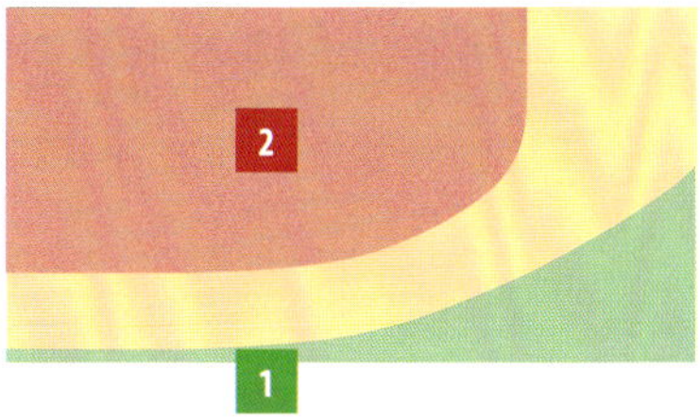

2 Mangelbeseitigung (nicht zu akzeptierende Abweichung)

Abb. 4.7: Breite Anschlussfuge an Einbauteil

Abb. 4.8: Breite, keilförmig zunehmende Fuge

In Teilbereichen ist der Pflasterbelag in der zuvor beschriebenen Einbausituation mit sehr breiten Fugen von bis zu 38 mm Fugenbreite ausgeführt. Dies betrifft insbesondere die Anschlussbereiche an Einbauteile (siehe Abb. 4.7). Weiterhin sind einzelne keilförmig verlaufende Fugen vorhanden (siehe Abb. 4.8).

Da die Bedeutung des optischen Erscheinungsbildes als wichtig einzustufen ist und der Grad der optischen Beeinträchtigung durch die Abweichung als gut sichtbar zu bewerten ist, liegt eine nicht zu akzeptierende Abweichung vor.

Zur Mangelbeseitigung ist der Natursteinpflasterbelag in den betroffenen Teilflächen neu zu verlegen.

konisch bearbeiteten Seitenflächen verwendet. Die Bogenform wird entsprechend mit einer Auswahl kleinerer Steine ausgeführt – sowie mit solchen Steinen, die bei der Herstellung ohnehin ein konisches Format erhalten haben. Die geometrischen Anforderungen bei der Verlegung können somit nur durch veränderliche bzw. zur Bogenaußenseite zunehmende Fugenbreiten erfüllt werden.

4.3 Werksteinbelag mit uneinheitlichen Fugenbreiten (1)

1 Bagatelle (zu akzeptierende Abweichung)

Der Bodenbelag einer Dachterrasse in einem mehrgeschossigen Wohngebäude besteht aus ca. 40 cm × 40 cm großen Betonwerksteinplatten (siehe Abb. 4.9). Die Platten sind im Splittbett mit Kreuzfugen verlegt. Das Nennmaß der Fugenbreite beträgt ca. 3 mm. Die Platten werden mit Fugenkreuzen in ihrer Lage gehalten. Die Plattenfugen sind nicht verfüllt.

Die Breite der Fugen differiert um ca. 1 bis 2 mm. Die optische Beeinträchtigung durch die unterschiedlichen Fugenbreiten ist im Gesamterscheinungsbild des Belages als kaum erkennbar einzustufen. Das Fugenraster ist ein prägendes Gestaltungsmerkmal. Der Bodenbelag ist wichtig für das optische Erscheinungsbild.

Die Abweichungen der Fugenbreiten sind zu akzeptieren.

Abb. 4.9: Nutzfläche einer Dachterrasse aus Betonwerksteinplatten mit gleichmäßigem Fugenbild

Hinweis: Zulässige Abweichungen von den Nennmaßen der Platten müssen in den Fugen ausgeglichen werden. Konstruktions- und klimabedingt können geringe Verschiebungen im Plattenbelag auftreten, sodass sich nach der Verlegung Änderungen der Fugenbreite ergeben können.

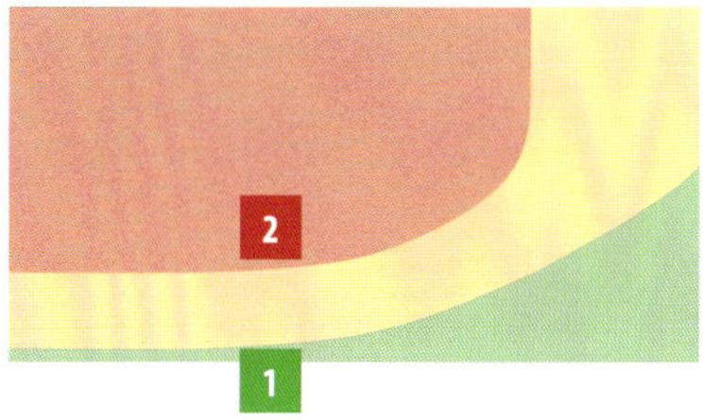

2 Mangelbeseitigung (nicht zu akzeptierende Abweichung)

Abb. 4.10: Nutzfläche einer Dachterrasse aus Betonwerksteinplatten mit ungleichmäßigen Fugenbreiten

Der Betonwerksteinbelag einer Dachterrasse ist mit ca. 3 mm breiten Fugen verlegt. An einzelnen Stellen sind die Platten dicht gestoßen und die Fugenbreiten differieren deutlich. Die Abweichungen vom Nennmaß der Fugenbreite befinden sich insbesondere im Anschlussbereich an Einbauteile wie z. B. Entwässerungseinrichtungen (siehe Abb. 4.10).

Die unterschiedlichen Fugenbreiten – insbesondere bei dicht gestoßenen Platten ohne offenen Fugenraum – haben aus gebrauchsüblichem Betrachtungsabstand eine sichtbare Störwirkung. Für das optische Erscheinungsbild ist der Bodenbelag als wichtig einzustufen.

Die Abweichungen hinsichtlich der Fugenbreite sind nicht zu akzeptieren.

Hinweis: Bei Verlegung eines Plattenbelages im Splittbett können zur Lagesicherung der Platten Fugenkreuze eingesetzt werden. Bei den Anschlüssen an Einbauteile und im Randbereich müssen ggf. zusätzliche Maßnahmen zur Lagesicherung getroffen werden.

4.4 Werksteinbelag mit uneinheitlichen Fugenbreiten (2)

1 Bagatelle (zu akzeptierende Abweichung)

Auf verschiedenen Dachterrassen sind ca. 40 cm × 40 cm große Betonwerksteinplatten mit offenen Fugen und Abstandhaltern verlegt. Die Nennfugenbreite beträgt 3 bzw. 5 mm (siehe Abb. 4.11 und 4.12).

Die Fugenbreiten differieren um ca. 1 bis 2 mm bei 3 mm Nennfugenbreite bzw. um ca. 1 bis 3 mm bei 5 mm Nennfugenbreite. Die wechselnden Fugenbreiten sind aus gebrauchsüblichem Betrachtungsabstand als Abweichung kaum erkennbar. Die Terrassenbeläge sind als wichtig für das optische Erscheinungsbild einzustufen.

Die differierenden Fugenbreiten sind zu akzeptieren.

Abb. 4.11: Werksteinbelag mit 3 mm Nennfugenbreite und geringfügig differierenden Fugenbreiten

Abb. 4.12: Werksteinbelag mit 5 mm Nennfugenbreite und geringfügig differierenden Fugenbreiten

Hinweis: Maßabweichungen der Platten und Ungenauigkeiten bei der Verlegung sind in den Fugen auszugleichen. Außerdem können durch last- und klimabedingte Einwirkungen geringe Verschiebungen auftreten. Differierende Fugenbreiten sind deswegen zumindest in geringem Maß unvermeidbar.

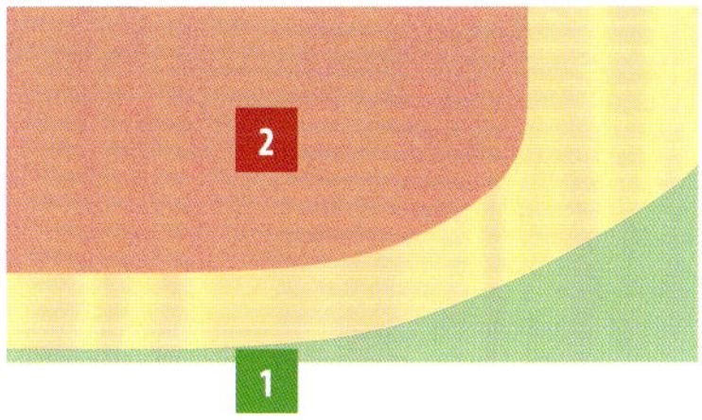

2 Mangelbeseitigung (nicht zu akzeptierende Abweichung)

Abb. 4.13: Werksteinbelag mit 3 mm Nennfugenbreite und deutlich differierenden Fugenbreiten

Abb. 4.14: Werksteinbelag mit 5 mm Nennfugenbreite und deutlich differierenden Fugenbreiten

Der Belag aus Betonwerksteinplatten auf einer Dachterrasse weist bei einer Nennfugenbreite von 3 mm im Bereich von Kreuzfugen Fugenbreiten zwischen ca. 1 und 6 mm auf (siehe Abb. 4.13). Ein gleichartiger Belag auf einer anderen Terrassenfläche weist bei einer Nennfugenbreite von 5 mm im Bereich von Kreuzfugen Fugenbreiten von ca. 4 bis 10 mm auf (siehe Abb. 4.14).

Die unterschiedlichen Fugenbreiten sind eine gut sichtbare optische Beeinträchtigung. Die Terrassenbeläge sind als wichtig für das optische Erscheinungsbild einzustufen.

Die unterschiedlichen Fugenbreiten sind nicht zu akzeptieren.

Hinweis: Die deutlich differierenden Fugenbreiten können mithilfe von Lagefixierungen (z. B. Fugenkreuze) weitgehend vermieden werden.

4.5 Betonsteinpflasterbeläge mit Farbabweichungen

1 Bagatelle (zu akzeptierende Abweichung)

Auf dem Gelände eines Industriebetriebes wurde auf einer Verkehrsfläche hinter einer Werkhalle eine Flächenbefestigung aus Betonpflasterverbundsteinen ausgeführt. Der Verbundstein weist eine glatte Oberfläche auf und wurde im Splittbett eingebaut. Der Pflasterbelag wurde maschinell in Palettengröße verlegt.

In Bereichen des Betonpflasterbelages mit einem mittelgrauen Grundton sind einzelne Betonpflastersteine vorhanden, die sich in einem dunkelgrauen Farbton abzeichnen (siehe Abb. 4.15 und 4.16).

Trotz der Farbtonunterschiede ergibt sich insgesamt ein einheitliches Gesamtbild. Die Farbabweichungen sind im vorliegenden Fall kaum erkennbar und damit als nicht störend zu bewerten.

Die betroffenen Pflasterflächen sind hinsichtlich der Bedeutung des optischen Gesamterscheinungsbildes als eher unbedeutend einzustufen.

Die Farbabweichungen sind zu akzeptieren.

Abb. 4.15: Betonsteinpflasterbelag mit Farbabweichungen einzelner Pflastersteine

Abb. 4.16: Einzelne Pflastersteine weisen einen dunkleren Farbton auf.

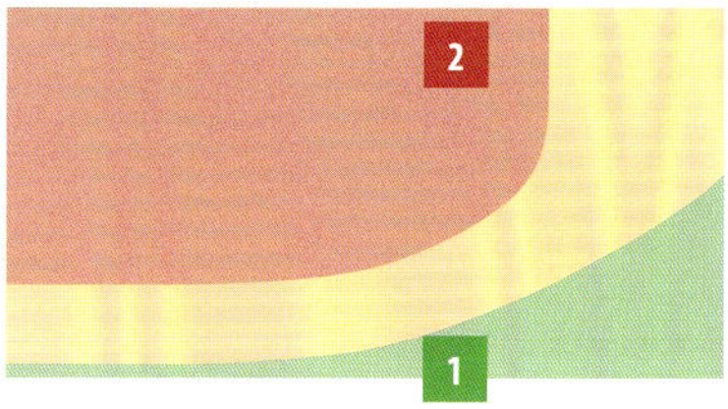

2 Mangelbeseitigung (nicht zu akzeptierende Abweichung)

Abb. 4.17: Teilbereiche mit mittelgrauem Farbton in sonst hellgrauem Betonpflaster

Abb. 4.18: Auffällige Farbunterschiede zwischen den Verlegeeinheiten

Die zuvor beschriebenen Bereiche des Betonpflasterbelages mit einem mittelgrauen Farbton stellen Teilbereiche in einer größeren Fläche dar, deren Pflastersteine einen hellgrauen Farbton aufweisen (siehe Abb. 4.17 und 4.18). Infolge der palettenweisen Verlegung haben sich zusammenhängende Bereiche mit dem dunkelgrauen Farbton ergeben. Diese sind somit weder zufällig angeordnet noch ist ein beabsichtigtes Konzept erkennbar.

Auch wenn das Gewicht des optischen Erscheinungsbildes der Verkehrsfläche als eher unbedeutend einzustufen ist, liegt eine nicht zu akzeptierende Abweichung vor, da der Grad der optischen Beeinträchtigung aus einer üblichen Betrachterposition als auffällig zu bewerten ist.

Zur Mangelbeseitigung ist eine Neuverlegung des Pflasters in den betroffenen Teilflächen erforderlich, da nicht erwartet werden kann, dass sich derartige Farbabweichungen im Laufe der Zeit infolge von Witterungseinflüssen angleichen werden.

Hinweis: Bei der maschinellen Verlegung von Betonpflastersteinen in Verlegeeinheiten ist eine Durchmischung der Steine nicht möglich. Nur geringe, kaum erkennbare Farbunterschiede zwischen den Verlegeeinheiten sind nicht zu vermeiden und stellen keinen Mangel dar.

5 Bodenflächen innen

5.1 Naturwerksteinbelag mit Einschlüssen

1 Bagatelle (zu akzeptierende Abweichung)

In einem Mehrfamilienwohnhaus ist der Stufenbelag im Treppenhaus (Innenbereich) aus einem mittelgrauen, feingemusterten Granit gefertigt. Eine Trittstufenplatte weist 2 dunkelgraue bis schwarze Einschlüsse mit einem Durchmesser von ca. 10 bis 15 mm auf (siehe Abb. 5.1 und 5.2). Die Einschlüsse sind Bestandteil des gewachsenen Materials.

Die farbigen Einschlüsse sind eine kaum erkennbare optische Beeinträchtigung. Die Abweichung ist aber nicht gut sichtbar oder auffällig störend. Die Materialeigenschaften sind nicht nachteilig verändert. Der Treppenbelag ist als wichtig für das optische Erscheinungsbild des Treppenhauses einzustufen.

Die farbliche Abweichung ist zu akzeptieren.

Abb. 5.1: Blick auf den betroffenen Treppenlauf

Abb. 5.2: Trittstufenplatte mit dunkelgrauen bis schwarzen Einschlüssen

Hinweis: Abweichungen dieser Art sind in geringem Umfang nicht auszuschließen.

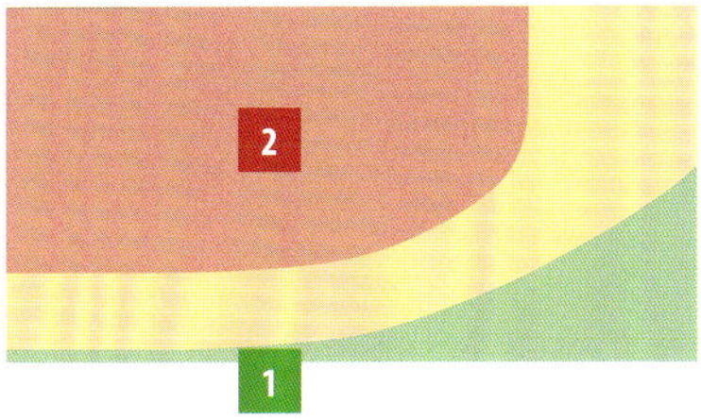

2 Mangelbeseitigung (nicht zu akzeptierende Abweichung)

Abb. 5.3: Blick auf den Granitbodenbelag im Eingangsbereich

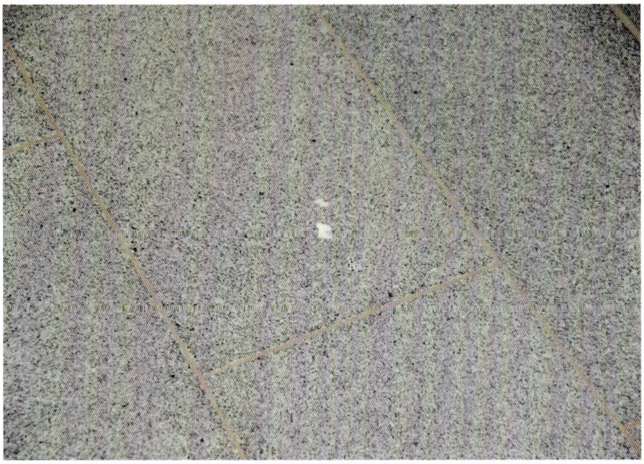

Abb. 5.4: Granitplatte mit weißem Einschluss

Im Treppenhaus eines Mehrfamilienwohnhauses ist der Bodenbelag mit einem feingemusterten, mittel- bis hellgrauen Granit ausgeführt. Eine Platte mit einer Größe von ca. 30 cm × 60 cm weist einen einzelnen weißlich-hellgrauen Einschluss mit einem Durchmesser von ca. 35 mm auf (siehe Abb. 5.3 und 5.4). Der Einschluss ist Bestandteil des gewachsenen Materials.

Die Störwirkung durch den weißlichen Einschluss ist gut sichtbar. Die Materialeigenschaften sind nicht nachteilig verändert. Der Bodenbelag ist als wichtig für das optische Erscheinungsbild des Eingangsbereiches einzustufen.

Die farbliche Abweichung ist nicht zu akzeptieren.

Hinweis: Einzelne kleinere Einschlüsse sind im Einzelfall nur dann noch zu akzeptieren, wenn sie im Gesamterscheinungsbild kaum erkennbar und damit untergeordnet sind.

3 Bagatelle (zu akzeptierende Abweichung)

In einem mehrgeschossigen Wohngebäude ist als Bodenbelag im Treppenhaus ein mittel- bis grobkörniger Granit in mittelgrauer Farbgebung verarbeitet. Die Bodenplatten weisen über die gesamte Bodenfläche verteilt einzelne Farbabweichungen durch materialbedingte Einschlüsse mit einem Durchmesser von ca. 20 bis 40 mm auf (siehe Abb. 5.5 und 5.6). Diese sind Bestandteil des gewachsenen Materials. Die Materialeigenschaften sind nicht nachteilig verändert.

Die Einschlüsse beeinträchtigen das optische Erscheinungsbild kaum erkennbar. Der Bodenbelag ist für das optische Erscheinungsbild des Treppenhauses wichtig.

Die farblichen Abweichungen sind zu akzeptieren.

Abb. 5.5: Bodenbelag mit hellen Einschlüssen

Abb. 5.6: Farbabweichung durch materialbedingten Einschluss

Hinweis: Einschlüsse mit farblichen Abweichungen können auftreten. Im vorliegenden Fall sind die einzelnen Abweichungen Bestandteil der Gesamtstruktur der Bodenfläche und in optischer Hinsicht nicht auffällig oder störend.

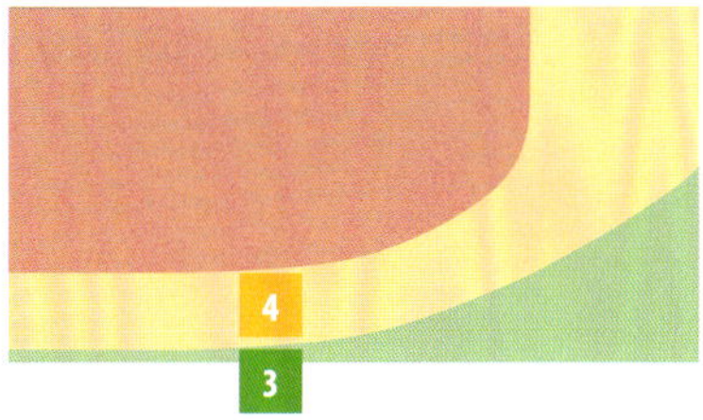

4 Mangelbeseitigung, eventuell Minderung (noch akzeptable Abweichung)

Abb. 5.7: Treppenbelag mit hellen Einschlüssen

Abb. 5.8: Farbabweichung durch materialbedingten Einschluss

In dem Treppenhaus eines Mehrfamilienwohnhauses besteht der Treppenbelag aus einem mittelgrauen Granit mittelkörniger Struktur. Die einzelnen Platten der Tritt- und Setzstufen weisen jeweils mehrere hellgraue Einschlüsse mit einem Durchmesser von ca. 10 bis 20 mm auf. 2 benachbarte Trittstufenplatten haben gehäuft Einschlüsse bis ca. 30 mm Durchmesser (siehe Abb. 5.7 und 5.8).

Die Anhäufung und die Größe der Einschlüsse in diesem Teilbereich stellen in Bezug auf die sonst vorhandenen Einschlüsse eine Abweichung dar, deren Störwirkung als kaum erkennbar, jedoch an der Grenze zu sichtbar einzustufen ist. Der Treppenbelag ist für das optische Erscheinungsbild des Treppenhauses wichtig.

Die farblichen Abweichungen der beiden Trittstufen sind noch akzeptabel.

Hinweis: Unregelmäßigkeiten des hier verwendeten Materials müssen durch Sortieren bei der Verlegung so verteilt werden, dass ein insgesamt einheitliches optisches Erscheinungsbild erreicht wird.

5.2 Naturwerksteinbelag mit Farbdifferenzen (1)

1 Bagatelle (zu akzeptierende Abweichung)

In dem Treppenhaus eines mehrgeschossigen Wohnhauses sind Boden- und Treppenbeläge aus einem grauen mittelkörnigen Granit hergestellt. Die vorkonfektionierten Platten sind im Verband verlegt. Die Treppen sind mit Tritt- und Setzstufen nach Aufmaß ausgeführt.

Vor der Antrittstufe ist jeweils eine Trittstufenplatte in den Podestbelag integriert. Farbton und Oberflächenstruktur von Podestbelag und Trittstufe differieren in einem geringen Maß (siehe Abb. 5.9). Die Unterschiede sind als optische Beeinträchtigung kaum erkennbar und nur bei genauer Betrachtung sichtbar. Der Bodenbelag ist für das optische Erscheinungsbild des Treppenhauses wichtig.

Die Abweichungen von Farbton und Oberflächenstruktur der benachbarten Platten am Treppenantritt sind zu akzeptieren.

Abb. 5.9: Podestbelag und Trittstufenplatte differieren in Farbe und Oberflächenstruktur.

Hinweis: Die für den Bodenbelag bzw. für den Treppenbelag verwendeten Naturwerksteinplatten werden aufgrund der unterschiedlichen Abmessungen in der Regel aus verschiedenem Rohmaterial geschnitten. Hierbei kommen im Standardfall Steinblöcke unterschiedlicher Herkunft zur Verwendung. Geringe Differenzen im Farbton und in der Oberflächenstruktur sind bei Verwendung vorkonfektionierter Plattenware unvermeidbar.

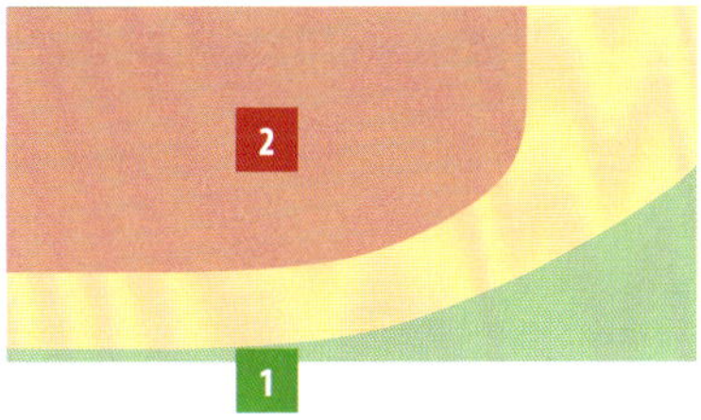

2 Mangelbeseitigung (nicht zu akzeptierende Abweichung)

Abb. 5.10: Einzelne Platten innerhalb des Bodenbelages differieren im Farbton.

Der Bodenbelag im Treppenhaus eines größeren Gebäudes ist mit Naturwerksteinplatten aus einem dunkelgrauen mittelkörnigen Granit ausgeführt. Die einzelnen Platten des Belages haben unterschiedliche Längen und sind im Verband verlegt.

Im Bereich des Wandanschlusses wurden mehrere Platten mit einem abweichenden Farbton verwendet (siehe Abb. 5.10). Die helleren Platten sind an mehreren Stellen vorhanden. Die Störwirkung durch die Abweichung des Farbtons ist gut sichtbar. Der Bodenbelag ist für das optische Erscheinungsbild wichtig.

Die Abweichung im Farbton ist nicht zu akzeptieren.

Hinweis: Bodenbeläge im Verband werden unter Verwendung von Material aus einer Charge hergestellt. Anschlüsse können bei dieser Verlegeart mit geringem Verschnitt hergestellt werden. Farbunterschiede lassen sich bei ausreichend großen Bestellmengen vermeiden.

5.3 Naturwerksteinbelag mit Farbdifferenzen (2)

1 Ohne Abweichung (zu akzeptieren)

Die Treppenhausflure eines Mehrfamilienwohnhauses sind mit einem Bodenbelag aus grauem Granit belegt. Die Platten haben eine einheitliche Breite, unterschiedliche Längen und sind im ungeordneten Verband verlegt.

Bei der Ausführung der einzelnen Teilflächen sind Platten mit 2 stark unterschiedlichen Farbtönen und etwa gleicher Oberflächenstruktur in bunter Mischung verwendet worden (siehe Abb. 5.11 und 5.12).

Die Mischung von 2 unterschiedlichen Farbtönen ist in diesem Fall ein gewolltes und das Gesamterscheinungsbild prägendes Merkmal. Farbtondifferenzen benachbarter Platten stellen hier keine unzulässige Abweichung dar.

Abb. 5.11: Bodenbelag mit stark wechselnder Grundfarbe

Abb. 5.12: Bodenbelag mit deutlichen Farbunterschieden als strukturgebendem Merkmal

Hinweis: Das Gesamterscheinungsbild wird im vorliegenden Fall wesentlich geprägt durch eine möglichst zufällige Verteilung der beiden unterschiedlichen Farbtöne innerhalb einer Fläche.

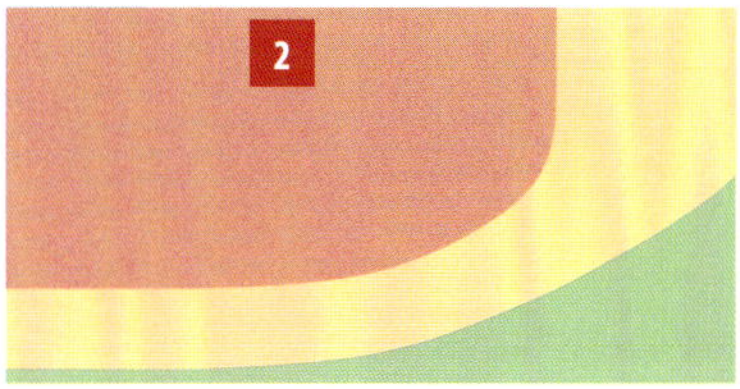

2 Mangelbeseitigung (nicht zu akzeptierende Abweichung)

Abb. 5.13: Granitbodenbelag ohne optische Abweichungen

Abb. 5.14: Bodenbelag mit störender Farbabweichung

In einem Mehrfamilienwohnhaus sind die Bodenflächen des Treppenhauses einschließlich der Treppenhausflure mit einem grobkörnigen grauen Granit belegt (siehe Abb. 5.13). Der Bodenbelag besteht aus Platten mit einheitlicher Breite und unterschiedlicher Länge und ist im Verband verlegt.

Einzelne Platten innerhalb einer in sich geschlossenen Teilfläche weisen einen deutlich dunkleren Farbton auf als die übrige Fläche (siehe Abb. 5.14). Von der Abweichung dieser einzelnen Platten geht eine auffällige Störwirkung aus. Das optische Erscheinungsbild der Bodenfläche ist im Treppenhaus und auf den Fluren als wichtig einzustufen.

Die farbliche Abweichung der einzelnen Platten ist nicht zu akzeptieren.

Hinweis: Farbtonunterschiede benachbarter Platten sind in diesem Fall nicht als beabsichtigt erkennbar.

3 Bagatelle (zu akzeptierende Abweichung)

Die Bodenflächen im Treppenhaus eines Mehrfamilienwohnhauses sind in den Fluren und auf den Zwischenpodesten mit einem Belag aus kleinformatigen Granitplatten belegt. Die Größe der Platten beträgt ca. 30 cm × 30 cm. Die Granitplatten differieren im Farbton und in der Struktur und weisen teilweise helle Einschlüsse mit einer Größe bis ca. 2 cm Durchmesser auf. Die Platten sind mit Kreuzfuge verlegt (siehe Abb. 5.15).

Abb. 5.15: Bodenbelag mit vielfach wechselnder Grundfarbe und Kornstruktur als gewolltem Erscheinungsbild

Die Bodenfläche ist in dem vorliegenden Fall geprägt durch Fugenbild sowie wechselnde Grundfarbe und Struktur der einzelnen Platten. Das Gewicht des optischen Erscheinungsbildes ist als wichtig einzustufen.

Infolge der Durchmischung unterschiedlicher Platten bei der Verlegung entsteht ein zu akzeptierendes Gesamtbild. Unterschiede in Farbton und Struktur sind deswegen als Bagatelle einzustufen.

Hinweis: Vorkonfektionierte Platten aus Naturwerkstein einfacher Qualität können Unterschiede hinsichtlich Farbton und Oberflächenstruktur aufweisen; die Unterschiede sind in diesem Fall Bestandteil des Gesamterscheinungsbildes.

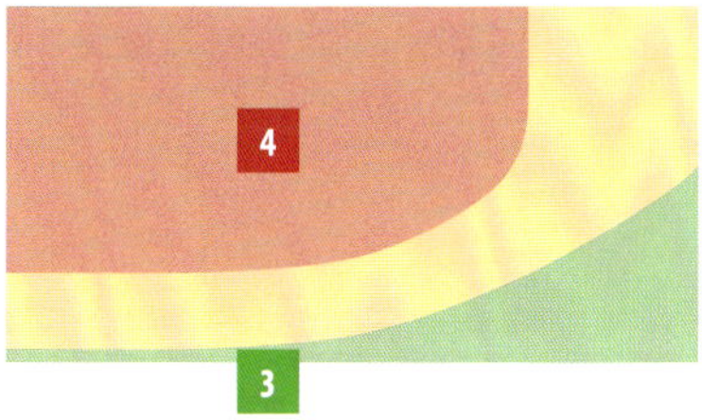

4 Mangelbeseitigung (nicht zu akzeptierende Abweichung)

Abb. 5.16: Bodenbelag mit deutlichen Farbunterschieden

In einem Wohn- und Bürogebäude ist der Flur des Treppenhauses mit einem Bodenbelag aus mittelgrauem Granit belegt. Die Platten haben eine einheitliche Breite, unterschiedliche Längen und sind im ungeordneten Verband verlegt.

Im Verlauf eines Flures sind mehrere Platten mit einer deutlich helleren Farbe des Granits verlegt worden (siehe Abb. 5.16). Die Farbdifferenz der einzelnen Platten ist eine gut sichtbare optische Beeinträchtigung. Der Belag ist für das optische Erscheinungsbild des Treppenhauses wichtig.

Die farbliche Abweichung ist nicht zu akzeptieren.

Hinweis: In diesem Fall sind Farbtondifferenzen der einzelnen Platten nicht beabsichtigt. Die unterschiedlichen Farben gehen auch im Gesamterscheinungsbild nicht unter, sondern stechen hervor.

5.4 Naturwerksteinbelag mit Kantenabplatzungen

1 Bagatelle (zu akzeptierende Abweichung)

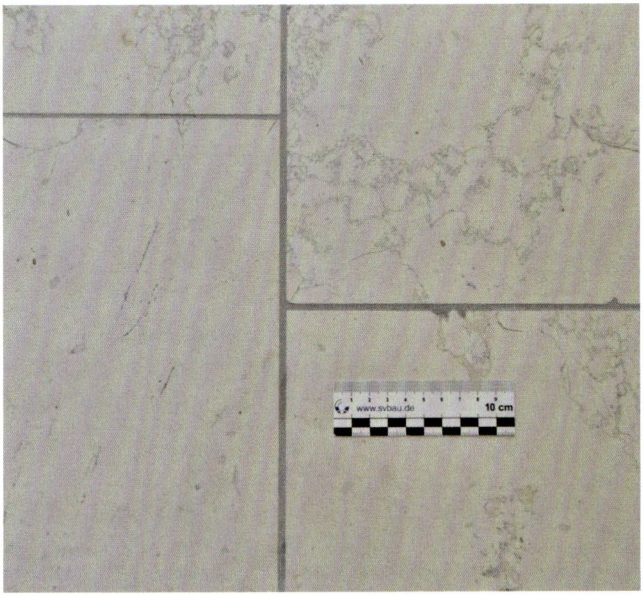

Abb. 5.17: Naturwerksteinbelag mit 2 kleinen Kantenausbrüchen

In einem Wohnhaus ist ein Naturwerksteinbelag aus Bianco Perlino in Bahnen mit 30 cm Breite verlegt. Das Steinmaterial hat eine feine, stark ungleichmäßige graue Marmorierung. Die Kante einer Platte weist 2 unmittelbar nebeneinanderliegende Ausbrüche mit einer Größe von ca. 5 mm × 5 mm bzw. von ca. 10 mm × 5 mm auf. Die Kantenausbrüche sind mit dem Fugenmaterial verfüllt (siehe Abb. 5.17). Die Platten weisen zudem auch an anderen Stellen kleinere material- bzw. strukturbedingte Fehl- und Ausbruchstellen an der Oberfläche auf.

Die mit Fugenmasse verfugten Ausbruchstellen sind als Abweichung aus gebrauchsüblichem Betrachtungsabstand aufgrund der marmorierten Materialstruktur kaum erkennbar und nur bei genauem Hinsehen als solche festzustellen. Das Gewicht des optischen Erscheinungsbildes der Bodenfläche ist als wichtig einzustufen.

Die Ausbruchstellen sind als Bagatelle zu akzeptieren.

Hinweis: Bei dem hier verwendeten Material sind Ausbruchstellen mit einer Größe von wenigen Millimetern (z. B. im Verlauf von Adereinschlüssen) Bestandteil des gewachsenen Natursteins. Die Kantenabplatzungen fallen deswegen nicht unmittelbar als Fehlstelle auf.

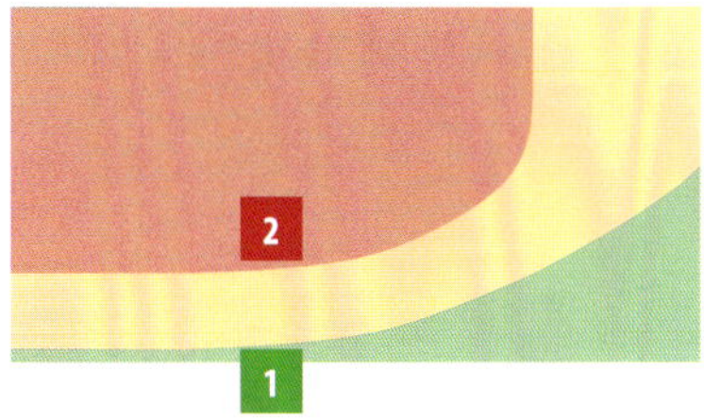

2 Mangelbeseitigung (nicht zu akzeptierende Abweichung)

Abb. 5.18: Naturwerksteinbelag mit mehreren Ausbruchstellen an einer Plattenlängskante

Außenseitig vor dem Hauseingang eines Wohnhauses ist ein heller Granit mit rauer Oberflächenstruktur verlegt. Die Verlegung erfolgte in Bahnen mit unterschiedlich langen Platten. Im Verlauf einer Längsfuge befinden sich auf einer Länge von ca. 70 cm insgesamt 4 Kantenausbrüche mit einer Länge von jeweils ca. 15 bis 20 mm und einer Breite von ca. 2 bis 3 mm (siehe Abb. 5.18). Die Ausbruchstellen sind nicht mit Fugenmasse aufgefüllt. Die Verfugung liegt aufgrund der rauen Oberflächenstruktur ca. 1 mm unter der Plattenoberkante.

Die Kantenausbrüche haben aus einem üblichen Betrachtungsabstand eine sichtbare Störwirkung. Die Bedeutung des Hauseingangs für das optische Erscheinungsbild ist als wichtig einzustufen.

Die Ausbruchstellen an den Kanten der einzelnen Platten stellen eine nicht zu akzeptierende Abweichung dar.

Hinweis: Wegen der Gleichmäßigkeit von Körnung und Struktur des verwendeten Materials und des im Übrigen sehr einheitlichen und geradlinigen Fugenbildes treten die Kantenausbrüche besonders in Erscheinung. Dies wird durch die Häufung von Ausbruchstellen noch verstärkt.

5.5 Fliesenbelag mit Höhenversätzen

1 Bagatelle (zu akzeptierende Abweichung)

In einem Wohnungsbad ist ein Bodenbelag aus Feinsteinzeugfliesen mit einer Plattengröße von ca. 30 cm × 60 cm im ¼-Verband verlegt. Benachbarte Platten weisen insbesondere im Laufbereich Höhenversätze (Überzähne) von ca. 1,0 bis 1,2 mm auf einem Flächenanteil von ca. 30 % auf. Sie sind aus gebrauchsüblichem Betrachtungsabstand beim Betreten des Raumes unter der vorherrschenden natürlichen Fensterbelichtung als kaum erkennbar einzustufen (siehe Abb. 5.19 und 5.20).

Die Beeinträchtigung des optischen Erscheinungsbildes infolge dieser Höhenversätze ist kaum erkennbar. Die Bedeutung der Bodenfläche für das optische Erscheinungsbild des Raumes ist wichtig.

Die geringen Höhenversätze sind als Bagatelle zu akzeptieren.

Abb. 5.19: Fliesenbelag im Bad (Übersicht)

Abb. 5.20: Höhenversätze an den T-Fugen

Hinweis: Höhenversätze in einer Größenordnung von ca. 1,0 bis 1,3 mm können bei einer Verlegung mit üblicher handwerklicher Sorgfalt und der Verwendung von geeignetem, ausreichend maßhaltigem Material auftreten.

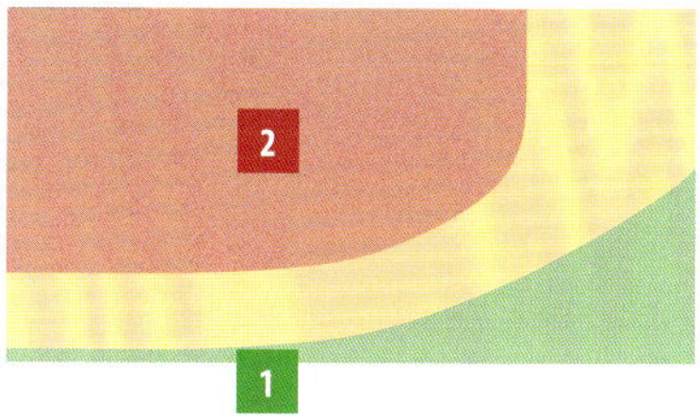

2 Mangelbeseitigung (nicht zu akzeptierende Abweichung)

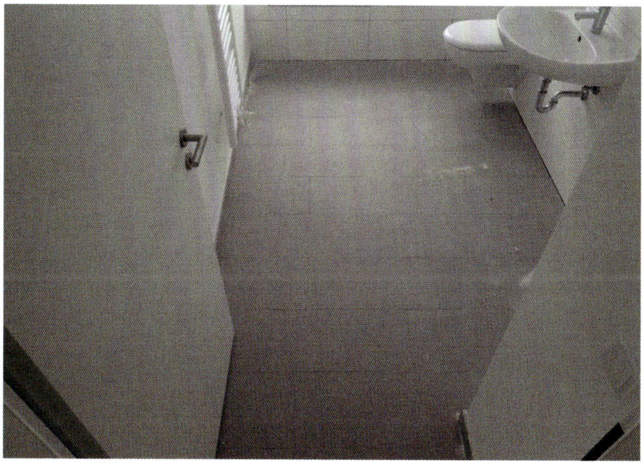

Abb. 5.21: Fliesenbelag im Bad (Übersicht)

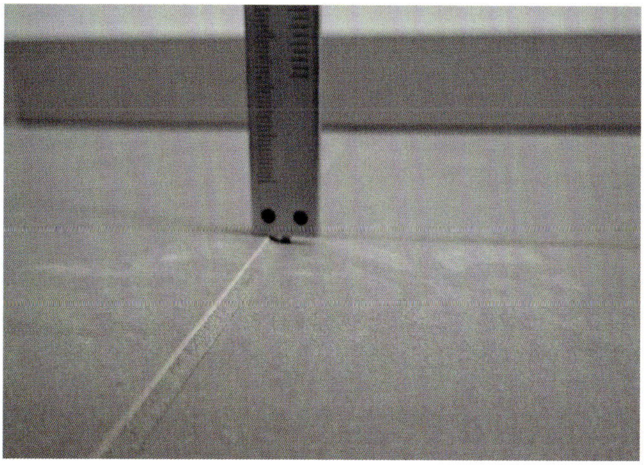

Abb. 5.22: Gut sichtbare Höhenversätze bis ca. 1,7 mm an den T-Fugen

In einem anderen Bad mit einem gleichartigen Bodenbelag aus Feinsteinzeugfliesen weisen benachbarte Platten insbesondere im Laufbereich Höhenversätze (Überzähne) von ca. 1,3 bis 1,7 mm auf etwa 50 % der Gesamtfläche auf. Die Höhenversätze sind aus gebrauchsüblichem Betrachtungsabstand beim Betreten des Raumes unter der vorherrschenden natürlichen Fensterbelichtung eine gut sichtbare optische Beeinträchtigung (siehe Abb. 5.21 und 5.22).

Die Bedeutung der Bodenfläche für das Erscheinungsbild ist als wichtig einzustufen.

Die Höhenversätze sind in optischer Hinsicht nicht zu akzeptieren.

Hinweis: Höhenversätze in dieser Größenordnung übersteigen das bei üblicher handwerklicher Sorgfalt in der Ausführung zu erwartende Maß. In Barfußbereichen liegt über die optische Beeinträchtigung hinaus auch ein Mangel in der Gebrauchstauglichkeit vor (Verletzungsgefahr).

5.6 Fliesenbelag/-bekleidung mit Kantenausbrüchen

1 Mangelbeseitigung (nicht zu akzeptierende Abweichung)

Die Abmauerung einer Badewanne ist mit Fliesen bekleidet. Im exponierten, gut einsehbaren Eckbereich der Badewanne zeigen sich an der oberen Schnittkante der auf der Längsseite an den Rand des Wannenkörpers anschließenden Fliese mechanische Beschädigungen in Form von kleinen Ausbrüchen (siehe Abb. 5.23 und 5.24).

Die Beschädigungen, die aus einem gebrauchsüblichen Abstand in aufrecht stehender Position visuell erkennbar sind, stellen eine in die Kategorie sichtbar einzuordnende optische Beeinträchtigung dar. Die Fliesenbekleidung der Badewanne ist für das optische Gesamterscheinungsbild wichtig.

Durch Anwendung einer üblichen handwerklichen Sorgfalt beim Schneiden der Fliese hätten sich die Kantenbeschädigungen vermeiden lassen. Das zeigt sich auch an der stirnseitig anschließenden Fliese, die keine derartige Beschädigung an der oberen Schnittkante aufweist.

Die nicht zu akzeptierende Abweichung konnte im vorliegenden Fall durch den Einbau einer Ersatzfliese beseitigt werden.

Abb. 5.23: Wandfliese mit Kantenbeschädigung im Eckbereich

Abb. 5.24: Detailaufnahme der Kantenbeschädigung

Hinweis: Das Schneiden und Verlegen von Fliesen ist mit der üblichen handwerklichen Sorgfalt auszuführen. Fliesen mit beschädigten Schnittkanten, die in gut einsehbaren Bereichen eingebaut werden, sind nicht zu akzeptieren.

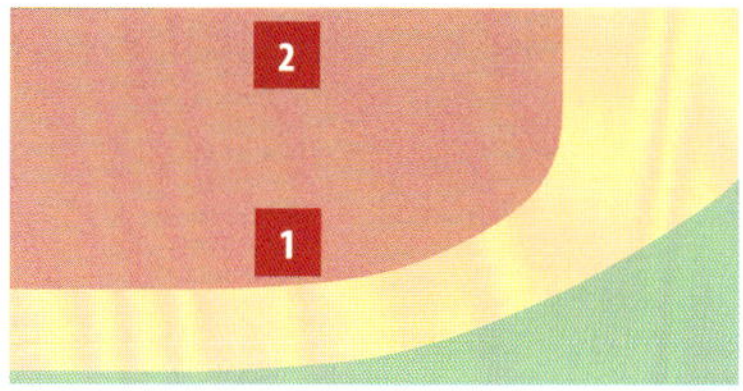

2 Mangelbeseitigung (nicht zu akzeptierende Abweichung)

Abb. 5.25: Bewegungsfuge im Türbereich

Abb. 5.26: Ausgebrochene Schnittkanten

Im keramischen Bodenbelag einer Wohnung wurden in den Türdurchgängen Bewegungsfugen angelegt. Beim Anschluss an die Bewegungsfugen sind die Bodenfliesen geschnitten. Die Schnittkanten sind ausgebrochen (siehe Abb. 5.25 und 5.26).

Die von den Kantenbeschädigungen ausgehende Störwirkung ist als auffällig einzustufen. Der Fliesenbelag ist wichtig für das optische Erscheinungsbild des Badezimmerfußbodens.

Die Abweichung ist nicht zu akzeptieren und muss durch Nachbesserung beseitigt werden.

Hinweis: Kantenbeschädigungen in diesem Ausmaß sind nicht zu akzeptieren. Sie lassen sich durch Anwendung einer üblichen handwerklichen Sorgfalt beim Schneiden und Verlegen der Fliesen vermeiden.

5.7 Fliesenbelag mit Kantenabplatzungen

1 Bagatelle (zu akzeptierende Abweichung)

Die Bodenflächen eines Wohnzimmers sind mit großformatigen Fliesen in Abmessungen von ca. 60 cm × 60 cm im Kreuzverband belegt.

An einzelnen Stellen sind punktförmige Abplatzungen an den Kanten der Fliesen vorhanden. Die Größe der Abplatzungen liegt im Bereich von wenigen Millimetern.

Die übliche Betrachterposition ergibt sich bei Bodenbelägen in Wohnzimmern entweder stehend im Raum oder sitzend auf den Sitzmöbeln. In beiden Fällen sind die in Abb. 5.27 und 5.28 dokumentierten Abplatzungen nicht sichtbar. Die Abplatzungen werden erst bei Betrachtung aus nächster Nähe erkennbar.

Die Fliesenbeläge an Bodenflächen in Wohnzimmern zählen zu den wesentlichen gestalterischen Kriterien. Das Gewicht des optischen Erscheinungsbildes der Fliesen ist in Wohnzimmern als wichtig einzustufen.

Die vorliegenden Abweichungen beeinträchtigen das optische Erscheinungsbild der Bodenflächen nicht. Es liegt folglich eine Bagatelle vor, die zu akzeptieren ist.

Abb. 5.27: Bodenbelag aus großformatigen Fliesen mit nicht sichtbaren Abplatzungen an Kanten

Abb. 5.28: Detail der Abplatzungen an Kanten

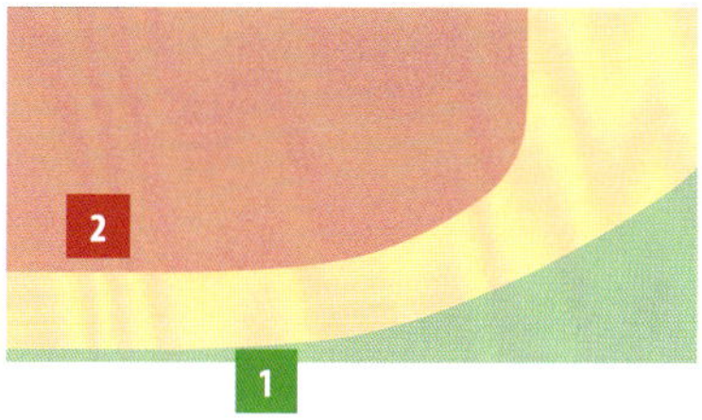

2 Mangelbeseitigung (nicht zu akzeptierende Abweichung)

Abb. 5.29: Bodenbelag aus Fliesen im Duschbereich mit sichtbaren Kantenabplatzungen

Abb. 5.30: Detail der Abplatzungen an Kanten

Die Bodenfläche einer bodengleichen Dusche ist mit Fliesen mit Abmessungen von ca. 30 cm × 60 cm bekleidet. Aus gestalterischen Gründen wurde der Duschbereich mit einem schmalen Fliesenstreifen betont. Der Einbau einer Duschtrennwand ist nicht vorgesehen.

Entlang der Fuge zwischen dem Bodenbelag im Bad und dem schmalen Fliesenstreifen des Duschbereiches sind Abplatzungen an den Fliesenkanten vorhanden (siehe Abb. 5.29 und 5.30).

Die übliche Betrachterposition in Bädern ergibt sich in der Regel aus stehender Position. Die Kantenabplatzungen sind aus diesem Standpunkt sichtbar.

Der Bodenfliesenbelag zählt zu den wesentlichen gestalterischen Kriterien. Der schmale Fliesenstreifen entlang der Duschfläche wurde gezielt als gestalterisches Element eingesetzt. Das Gewicht des optischen Erscheinungsbildes des Fliesenbelages ist hier als sehr wichtig einzustufen.

Der Grad der optischen Beeinträchtigung durch die Abweichung ist in die Kategorie sichtbar einzustufen. Es liegt folglich eine nicht zu akzeptierende Abweichung vor.

5.8 Parkettdielen mit Ausbesserungen

1 Bagatelle (zu akzeptierende Abweichung)

In einem Wohnhaus ist ein Bodenbelag aus Parkettdielen mit Verklebung auf einem Estrich ausgeführt. Bedingt durch die unterschiedlichen Farbtöne, Maserungen und Asteinschlüsse der Dielen hat der Parkettboden ein rustikales Erscheinungsbild (siehe Abb. 5.31). Ausbruchstellen an Asteinschlüssen sowie offene Risse wurden teilweise bereits bei der Herstellung der Dielen ausgebessert (siehe Abb. 5.32).

Die vorgenommenen Ausbesserungen mit Füllstoffen sind Bestandteil des Produktes. Aufgrund des rustikalen Aussehens des Holzfußbodens bewirken sie keine Verschlechterung des optischen Gesamteindrucks und sind als Störung kaum erkennbar. Für das Erscheinungsbild ist der Belag als wichtig einzustufen.

Diese Abweichungen sind zu akzeptieren.

Abb. 5.31: Bodenbelag aus Parkettdielen (Übersicht)

Abb. 5.32: Parkettdielen mit werksseitigen Ausbesserungen

Hinweis: Bei der Herstellung vorgenommene Ausbesserungen sind gewollter Bestandteil des Produktes.

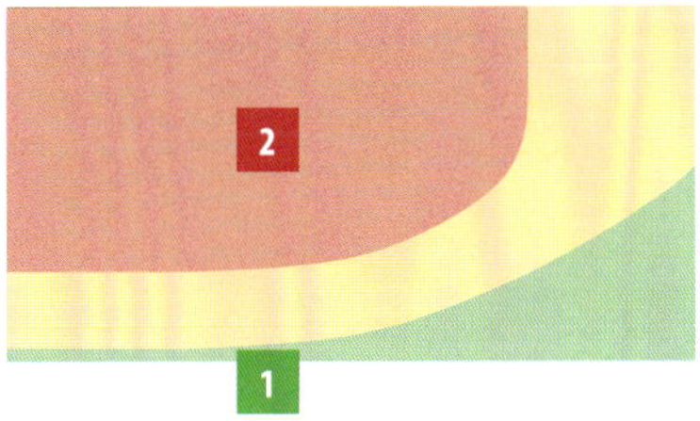

2 Mangelbeseitigung (nicht zu akzeptierende Abweichung)

Abb. 5.33: Parkettdiele mit nachträglicher Ausbesserung

Abb. 5.34: Paketdiele mit nachträglicher Auffüllung einer Ausbruchstelle

Bei der Verlegung des in Abb. 5.31 und 5.32 dargestellten Parkettbelages wurden Fehlstellen (Risse, unvollständig gefüllte Markröhre, Astausbrüche) an der Belagoberfläche partiell mit Füllstoffen ausgebessert. Die Oberflächenbeschichtung wurde in den ausgebesserten Bereichen nicht ergänzt bzw. geschlossen (siehe Abb. 5.33 und 5.34).

Die Ausbesserungsstellen sind als optische Beeinträchtigung gut sichtbar. Der Holzfußboden hat eine wichtige Bedeutung für das optische Erscheinungsbild des Wohnraumes.

Die Abweichungen sind nicht zu akzeptieren.

Hinweis: Dielen mit Fehlstellen oder Rissen müssen vor der Verlegung aussortiert werden. Lediglich kleine Trockenrisse in Ästen und Haarrisse auf der Oberseite dürfen ausgebessert werden.

5.9 Parkettelemente mit klaffenden Längsfugen

1 Bagatelle (zu akzeptierende Abweichung)

In einem Wohngebäude ist ein Bodenbelag aus Fertigparkettelementen mit Verklebung auf einem Estrich ausgeführt. Die Längsfugen zwischen benachbarten Parkettelementen weisen vereinzelt klaffende Fugenbreiten bis ca. 0,3 mm auf (siehe Abb. 5.35 und 5.36).

Die offenen Fugen sind aus betrachtungsüblicher Entfernung eine kaum erkennbare optische Beeinträchtigung. Der Holzfußboden hat eine wichtige Bedeutung für das optische Erscheinungsbild des Wohnbereiches.

Die Abweichung ist zu akzeptieren.

Abb. 5.35: Bodenbelag aus Fertigparkettelementen

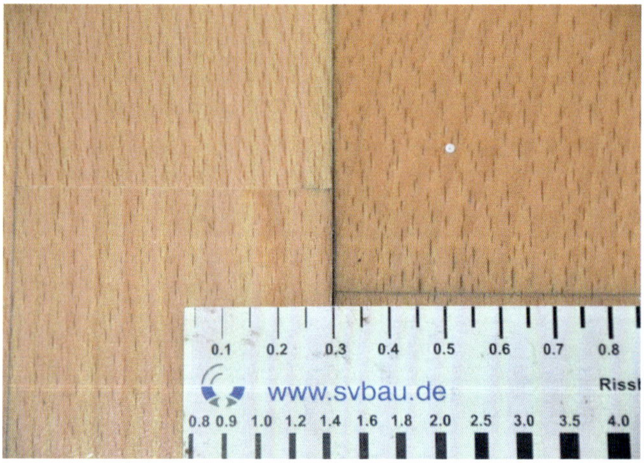

Abb. 5.36: Längsfuge benachbarter Parkettelemente mit klaffender Fugenbreite bis ca. 0,3 mm

Hinweis: Aufgrund von jahreszeitlich bedingten Feuchteschwankungen lassen sich Fugen in Holzfußböden, die in beheizten, aber nicht klimatisierten Räumen verlegt werden, nicht vollständig vermeiden. Rapp/Sudhoff schlagen vor, bei Parkett Fugenbreiten zwischen ca. 0,3 mm (bei Mosaikparkett) und ca. 1 mm (bei Stabparkett) zu akzeptieren (vgl. Rapp/Sudhoff, 2003).

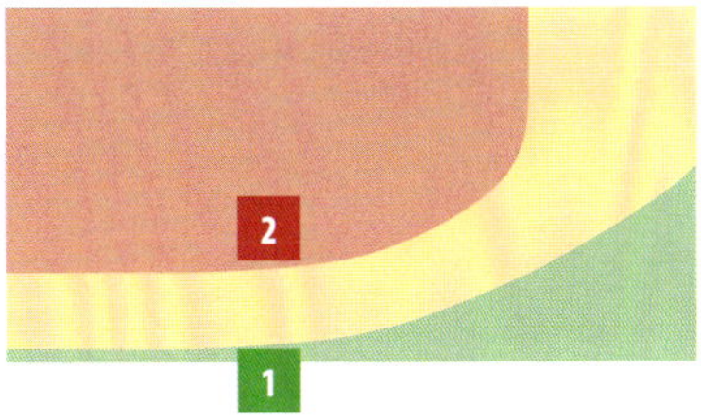

2 Mangelbeseitigung (nicht zu akzeptierende Abweichung)

Abb. 5.37: Mosaikparkettbelag mit ca. 0,55 mm breiter Längsfuge

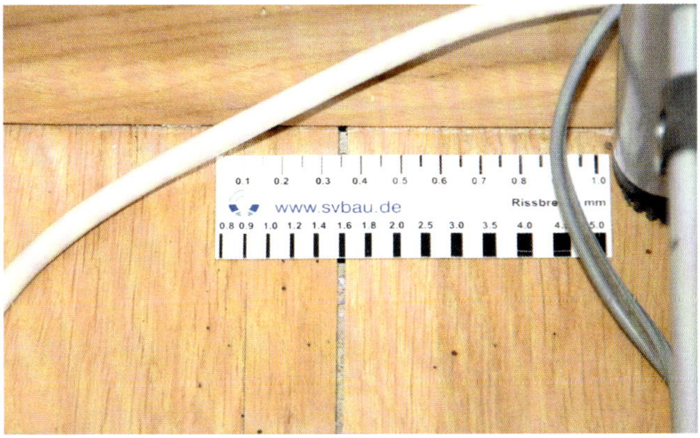

Abb. 5.38: Mosaikparkettbelag mit ca. 1,6 mm breiter Längsfuge

Das Mosaikparkett in einem Wohngebäude weist bereits im Sommer einzelne klaffende Längsfugen mit einer Fugenbreite von ca. 0,55 mm (siehe Abb. 5.37) bzw. von ca. 1,6 mm (siehe Abb. 5.38) auf.

Die offenen Fugen sind eine sichtbare optische Beeinträchtigung. Der Holzfußboden ist für das optische Erscheinungsbild des Wohnbereiches als wichtig einzustufen.

Die Abweichung ist nicht zu akzeptieren.

Hinweis: Bei Parkettböden in zentralbeheizten Wohnräumen lassen sich Fugenbildungen zwischen den Parkettlamellen wegen jahreszeitlich bedingter Schwankungen der Raumluftfeuchte nicht vollständig vermeiden. Rapp/Sudhoff, 2003, haben rechnerisch nachgewiesen, dass sich bei Eichenmosaiklamellen Breitenänderungen von bis zu 0,3 mm ergeben können. In der Heizperiode auftretende Fugen müssen daher bei einem Mosaikparkett bis zu einer Breite von 0,3 mm toleriert werden, sie stellen keinen Mangel dar. Die max. Fugenbreiten werden bei beheizten Räumen erst im Winter erreicht, weil das Holz wegen der geringen Raumluftfeuchte dann austrocknungsbedingt schwindet.

5.10 Mosaikparkett mit klaffenden Stoßfugen

1 **Mangelbeseitigung, eventuell Minderung (noch akzeptable Abweichung)**

In einem Wohnhaus ist ein Parkettbelag aus Mosaikparkettlamellen mit Oberflächenbehandlung verlegt. Auf einer Teilfläche von ca. 10 cm × 40 cm Größe sind die Stoßfugen der einzelnen Parkettlamellen in 2 benachbarten Reihen mit einer Fugenbreite von ca. 0,5 mm und einzelne Fugen innerhalb dieser Fläche mit einer Fugenbreite bis ca. 1,0 mm ausgeführt. Die Fugen wurden vor der Oberflächenbehandlung ausgefugt (siehe Abb. 5.39 und 5.40).

Die verfüllten Stoßfugen haben eine kaum erkennbare Störwirkung (an der Grenze zu sichtbar). Die Bedeutung des Parketts für das optische Erscheinungsbild des Wohnraumes ist wichtig.

Die Abweichung der Fugenausbildung ist noch akzeptabel.

Abb. 5.39: Mosaikparkett mit breiten Stoßfugen in 2 Reihen

Abb. 5.40: Mosaikparkett mit ca. 0,5 bis 1,0 mm breiten Stoßfugen

Hinweis: Für Mosaikparkettlamellen werden in DIN EN 13488 „Holzfußböden – Mosaikparkettelemente" (2003) als zulässige Grenzabmaße ± 0,2 mm für die Länge und ± 0,1 mm für die Breite angegeben. Diese Grenzwerte sind im vorliegenden Fall zwar vereinzelt überschritten. Die daraus resultierende Beeinträchtigung bleibt jedoch gering.

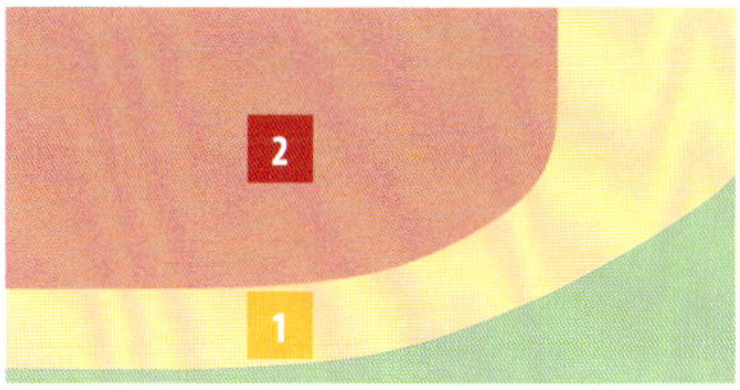

2 Mangelbeseitigung (nicht zu akzeptierende Abweichung)

Abb. 5.41: Mosaikparkett mit breiten Stoßfugen in 3 Reihen

Abb. 5.42: Mosaikparkett mit ca. 1,0 bis 1,5 mm breiten Stoßfugen

Der Belag aus Mosaikparkettlamellen in einem Wohngebäude wurde an mehreren Stellen innerhalb eines Raumes mit ca. 1,0 bis 1,5 mm breiten Stoßfugen verlegt. Die Fugen treten in durchgängigen Reihen auf, teilweise in 2 oder 3 benachbarten Reihen. Die Fugen wurden vor der Oberflächenbehandlung verfüllt (siehe Abb. 5.41 und 5.42).

Die breiten Stoßfugen sind bei Betrachtung der Bodenfläche an mehreren Stellen eine gut sichtbare optische Beeinträchtigung. Das Parkett ist als wichtig für das optische Erscheinungsbild des Wohnraumes einzustufen.

Die Fugenausbildung ist nicht zu akzeptieren.

Hinweis: Ein gehäuftes Auftreten klaffender Stoßfugen ist bei üblicher handwerklicher Sorgfalt und ausreichend maßhaltigem Material vermeidbar.

5.11 Parkettanschluss an Türschwelle mit schief zulaufender Fuge

1 Bagatelle (zu akzeptierende Abweichung)

In einer Wohnung ist im Flur ein Mosaikparkett und im angrenzenden Bad ein Belag aus Feinsteinzeug verlegt. Der Parkettbelag weist im Verlauf des Belagwechsels eine Winkelabweichung um ca. 4 mm Stichmaß auf einer Länge von ca. 90 cm auf. In der Folge ergibt sich ein keilförmiger Zuschnitt der Parkettlamellen am Randabschluss (siehe Abb. 5.43).

Abb. 5.43: Belagwechsel mit keilförmigem Zuschnitt der Parkettlamellen am Randabschluss

Für die Trennwand zwischen beiden Räumen ist der Grenzwert für die Winkelabweichung im Grundriss nach DIN 18202 eingehalten. Die Abweichung im Parkettboden ergibt sich aus der Orientierung der Verlegerichtung unter Bezug auf alle angrenzenden Wände.

Der keilförmige Zuschnitt des Parketts im Verlauf des Belagwechsels ist aus gebrauchsüblichem Betrachtungsabstand als optische Beeinträchtigung kaum erkennbar. Die Bedeutung des Parkettbodens für das optische Erscheinungsbild ist im Flur einer Wohnung als wichtig einzustufen.

Die Abweichung ist zu akzeptieren.

Hinweis: Winkelabweichungen in den Grenzen der Maßtoleranzen nach DIN 18202 sind im Regelfall zu akzeptieren.

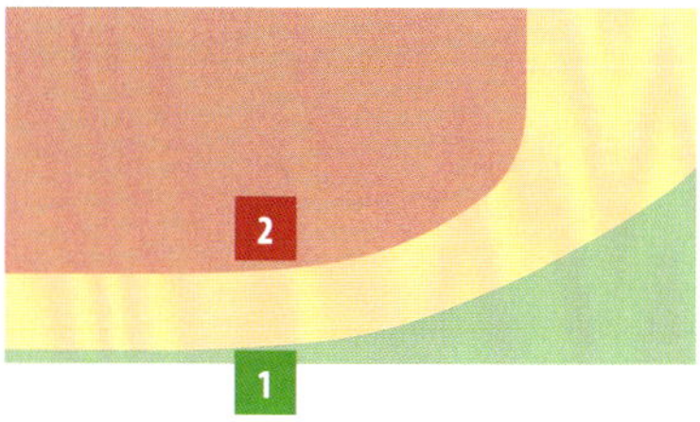

2 Mangelbeseitigung (nicht zu akzeptierende Abweichung)

Abb. 5.44: Schiefwinklig verlaufende Bewegungsfuge zwischen 2 Parkettflächen

Die Wohnräume innerhalb einer Wohnung sind mit Mosaikparkettbelag ausgeführt. Die Verlegerichtung ist einheitlich über Türdurchgänge hinweg beibehalten. In einem Türdurchgang verläuft die Bewegungsfuge nicht parallel zur Parkettverlegung. Das Stichmaß der Winkelabweichung beträgt auf der Durchgangsbreite von 90 cm ca. 20 mm. Das Parkett ist nicht parallel zur Wand verlegt (siehe Abb. 5.44).

Die schief verlaufende Bewegungsfuge ist aus gebrauchsüblichem Betrachtungsabstand eine sichtbare optische Beeinträchtigung. Die Bedeutung des Parkettbodens für den optischen Gesamteindruck in dem Wohnraum ist als wichtig einzustufen.

Die Abweichung ist nicht zu akzeptieren.

Hinweis: Über mehrere Räume durchlaufende Parkettböden müssen auf zulässige Winkelabweichungen aller angrenzenden Wandflächen im Grundriss abgestimmt werden. Verbleibende Winkelabweichungen sind deswegen in begrenztem Maß unvermeidbar.

5.12 Parkettanschluss an Türzarge mit ungleichmäßiger Fuge

1 Bagatelle (zu akzeptierende Abweichung)

In einem Wohngebäude ist ein Mosaikparkett auf Estrich verlegt. Der Belag schließt seitlich an die Türzargen an. Abb. 5.45 zeigt einen solchen Anschluss, bei dem die mit einem Dichtstoff geschlossene Fuge in der Breite differiert. Die stirnseitigen Abschlüsse der Parkettlamellen liegen zudem nicht in einer Flucht und weisen Längenunterschiede von ca. 0,5 mm auf.

Von den Abweichungen geht bei gebrauchsüblichem Betrachtungsabstand eine kaum erkennbare Störwirkung aus. Die Bedeutung des Parkettbodens für das optische Gesamterscheinungsbild ist wichtig.

Die Abweichungen sind zu akzeptieren.

Abb. 5.45: Parkettanschlussfuge an einer Türzarge mit geringen Abweichungen

Hinweis: Die im vorliegenden Fall gezeigten geringen Abweichungen sind in den Grenzen durchschnittlicher handwerklicher Sorgfalt nicht vollständig zu vermeiden.

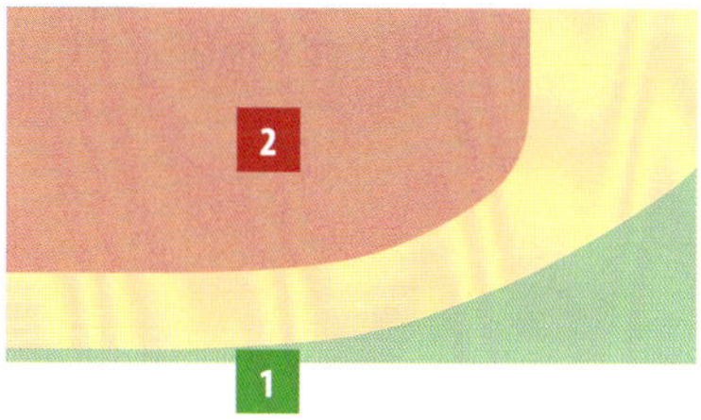

2 Mangelbeseitigung (nicht zu akzeptierende Abweichung)

Abb. 5.46: Parkettanschluss an eine Türzarge mit deutlich sichtbaren Abweichungen

In einem anderen Bereich desselben Wohnhauses sind die Parkettstäbe beim stirnseitigen Anschluss an die Türzarge unterschiedlich lang. Diese differieren um bis zu ca. 3 mm. Dadurch ist die mit einem Dichtstoff geschlossene Fuge unterschiedlich breit (siehe Abb. 5.46).

Die Abweichung ist insbesondere im Eckbereich eine gut sichtbare optische Beeinträchtigung. Die Bedeutung des Parkettbodens für das optische Gesamterscheinungsbild ist wichtig.

Die Abweichung ist nicht zu akzeptieren.

Hinweis: Bei Anwendung einer üblichen handwerklichen Sorgfalt hätten sich die dargestellten Abweichungen in der Anschlussfuge durch maßgenaues Zu- oder Nachschneiden der Parkettlamellen vermeiden lassen.

5.13 Parkettanschluss an Einbauteile mit ungleichmäßiger Fuge

1 Bagatelle (zu akzeptierende Abweichung)

Parkettbeläge sind an allen aufgehenden Wänden, Bauteilen, Einbauteilen usw. mit einer ausreichend breiten beweglichen Fuge anzuschließen. Diese wird nachträglich abgedeckt oder mit einem geeigneten Dichtstoff verschlossen. Abb. 5.47 und 5.48 zeigen Anschlüsse eines Parkettbelages an Einbauteile mit kleinen Abmessungen (hier Heizkörperkonsolen). Die Anschlussfugen sind mit elastischem Dichtstoff verfüllt. Die Fugenausbildung weist jeweils nur geringe Abweichungen in Bezug auf eine einheitliche Fugenbreite sowie eine gleichmäßige und geradlinige Flankenausbildung auf.

Die Ungleichmäßigkeiten der Parkettanschlussfugen sind als Abweichung kaum erkennbar. Der Parkettboden ist als wichtig für das optische Erscheinungsbild im Wohnbereich einzustufen.

Die Abweichungen sind zu akzeptieren.

Abb. 5.47: Parkettanschlussfuge mit differierender Fugenbreite in geringem Umfang

Abb. 5.48: Parkettanschlussfuge mit nicht geradliniger Flankenausbildung

Hinweis: Geringe Abweichungen sind in den Grenzen üblicher handwerklicher Sorgfalt unvermeidbar.

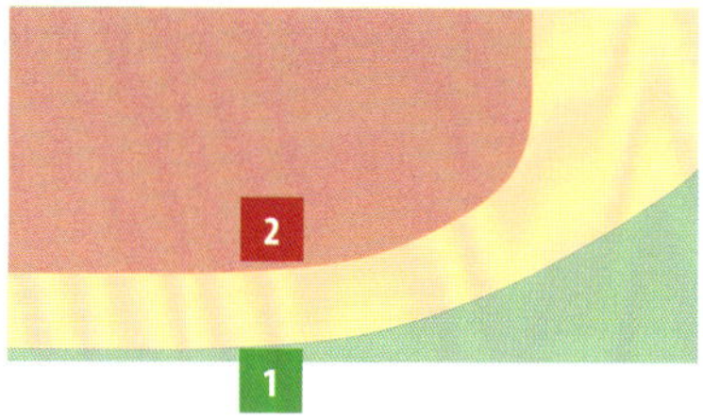

2 Mangelbeseitigung (nicht zu akzeptierende Abweichung)

Abb. 5.49: Parkettanschlussfuge mit uneinheitlich zugeschnittenen Parkettlamellen

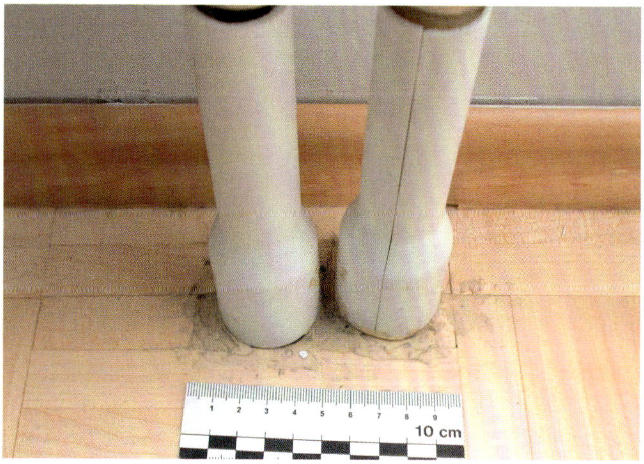

Abb. 5.50: Parkettanschlussfuge mit ungleichmäßiger Fugenausbildung

Anschlussfugen von Parkettbelägen an Durchdringungen mit geringen Abmessungen, Einbauteilen oder angrenzenden Bauteilen usw. erfordern eine besondere Sorgfalt unter Berücksichtigung funktionsnotwendiger Anschlussfugenbreiten.

Abb. 5.49 zeigt einen Parkettanschluss mit ungleichmäßigen Zuschnitten und Fugenversprüngen und Abb. 5.50 einen mit Dichtstoff verfugten Parkettanschluss ohne fachgerechte Fugenausbildung.

Die Abweichungen sind als optische Beeinträchtigung überwiegend sichtbar, teilweise gut sichtbar. Der Parkettboden hat eine wichtig Bedeutung für das Gesamterscheinungsbild in den Wohnräumen.

Die Abweichungen sind nicht zu akzeptieren.

Hinweis: Die hier gezeigten Abweichungen sind bei üblicher handwerklicher Sorgfalt vermeidbar.

5.14 Sockelleiste mit klaffender Bodenanschlussfuge

1 Bagatelle (zu akzeptierende Abweichung)

In einem gewerblich genutzten Gebäude ist ein aus einzelnen Dielenelementen bestehender Kunststoffbelag (PVC) verlegt. Bereichsweise schließen die Sockelleisten nicht dicht an den Bodenbelag an. Dadurch ist eine offene, bis ca. 4 mm breite Fuge entstanden. Die max. Fugenbreiten erstrecken sich auf eine Länge von jeweils mehr als 1 m (siehe Abb. 5.51 und 5.52). Ursächlich für die Fugenbildung sind Unebenheiten in der Oberfläche des Bodenbelages, die im vorliegenden Fall im Toleranzbereich liegen.

Die klaffenden Anschlussfugen sind aus üblichem Betrachtungsabstand nur bei genauem Hinsehen erkennbar. Die Bedeutung des Fußbodens für das optische Erscheinungsbild ist als wichtig einzustufen.

Die Abweichungen sind zu akzeptieren.

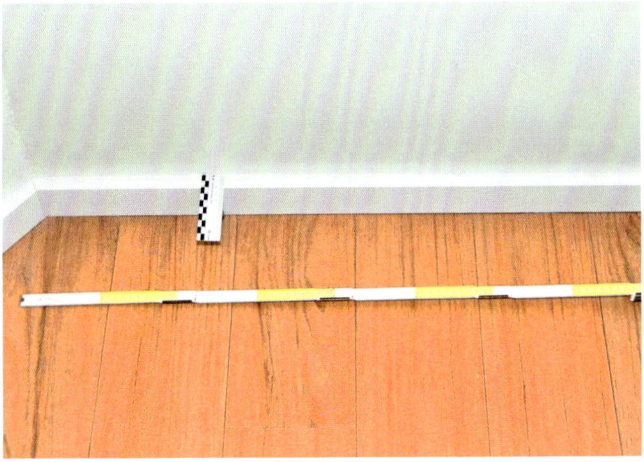

Abb. 5.51: Bodenanschlussfuge der Sockelleiste mit ca. 0 bis 2 mm Fugenbreite

Abb. 5.52: Bodenanschlussfuge der Sockelleiste mit ca. 0 bis 4 mm Spaltmaß

Hinweis: Die Abweichungen liegen innerhalb der Grenzwerte für Ebenheitsabweichungen der Bodenfläche nach DIN 18202.

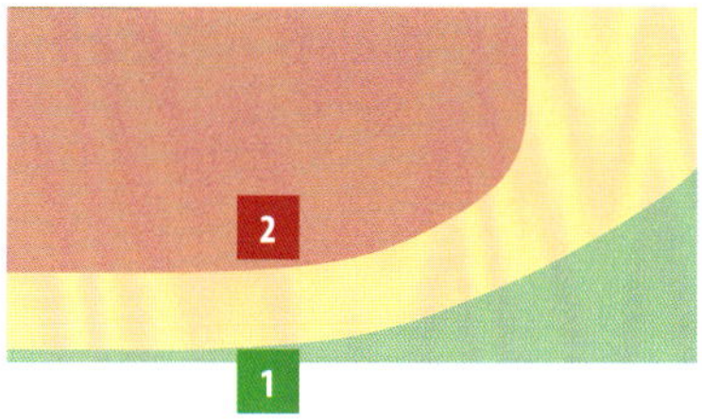

2 Mangelbeseitigung (nicht zu akzeptierende Abweichung)

Abb. 5.53: Bodenanschlussfuge der Sockelleiste mit ca. 0 bis 7 mm Spaltmaß auf ca. 60 cm Länge

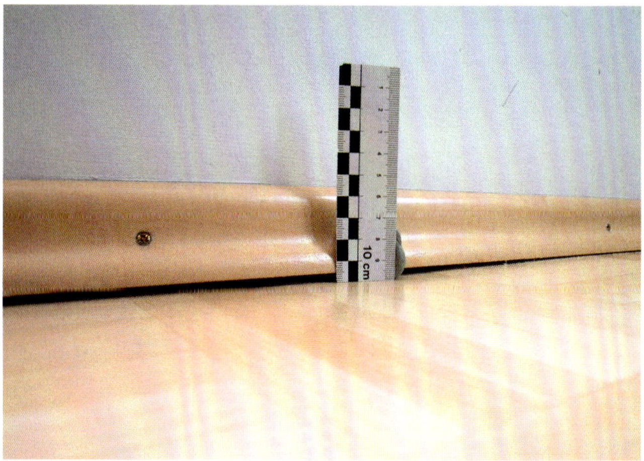

Abb. 5.54: Bodenanschlussfuge der Sockelleiste mit ca. 1 bis 5 mm Spaltmaß auf ca. 1,5 m Länge

In demselben Gebäude zeigt sich an anderer Stelle eine offene Fuge zwischen Sockelleiste und Bodenbelag von bis zu ca. 7 mm Breite auf einer Länge von ca. 60 cm (siehe Abb. 5.53).

In einem ähnlichen anderen Fall differiert die Fugenbreite zwischen Sockelleiste und Parkett zwischen ca. 1 und 5 mm auf einer Länge von ca. 1,5 m (siehe Abb. 5.54).

Die offenen Fugen zwischen Sockelleiste und Fußboden können in die Kategorie einer sichtbaren optischen Beeinträchtigung eingeordnet werden. Die Fußböden sind für das optische Erscheinungsbild von wichtiger Bedeutung.

Die Abweichungen sind nicht zu akzeptieren.

Hinweis: Bei der Abweichung in Abb. 5.53 ist der Grenzwert für die Ebenheitsabweichung nach DIN 18202 überschritten. Bei der in Abb. 5.54 erkennbaren Abweichungen ist diese Anforderung eingehalten, die Abweichung gleichwohl unüblich und störend.

5.15 Sockelleiste mit klaffender Fuge am Gehrungsstoß

1 Bagatelle (zu akzeptierende Abweichung)

In einem Wohnhaus ist die Wandanschlussfuge eines Linoleumbelages mit einer Holzsockelleiste abgedeckt. An einer Außenecke zeigt sich am Gehrungsstoß der Sockelleiste eine ca. 0,5 mm breit aufklaffende Fuge (siehe Abb. 5.55). In einer Innenecke klafft der Gehrungsstoß an der Vorderseite teilweise bis ca. 0,5 mm auf (siehe Abb. 5.56).

Die offenen Gehrungsstöße sind aus gebrauchsüblichem Betrachtungsabstand als Abweichung kaum erkennbar. Die Bodenfläche ist wichtig für das optische Erscheinungsbild des Wohnbereiches.

Die Abweichungen an den Gehrungsstößen sind zu akzeptieren.

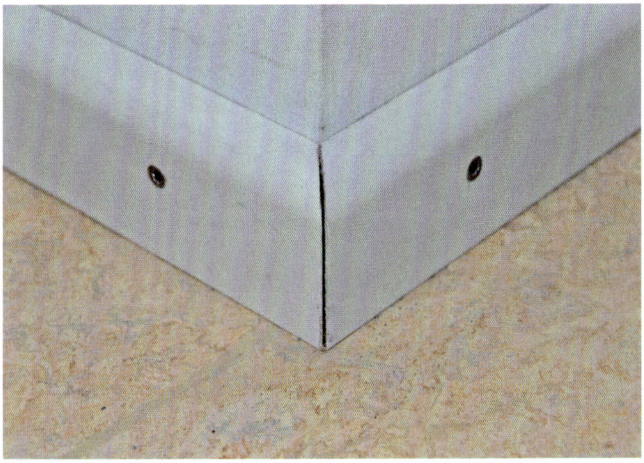

Abb. 5.55: Holzsockelleiste mit ca. 0,5 mm breit aufklaffendem Gehrungsstoß einer Außenecke

Abb. 5.56: Holzsockelleiste mit teilweise bis ca. 0,5 mm breit aufklaffendem Gehrungsstoß einer Innenecke

Hinweis: Sockelleisten aus Holz sind in nicht klimatisierten, beheizten Räumen infolge jahreszeitlich schwankender Luftfeuchten quell- und schwindbedingten Verformungen ausgesetzt. Fugenbildungen an den Gehrungsstößen lassen sich daher nicht vollständig vermeiden.

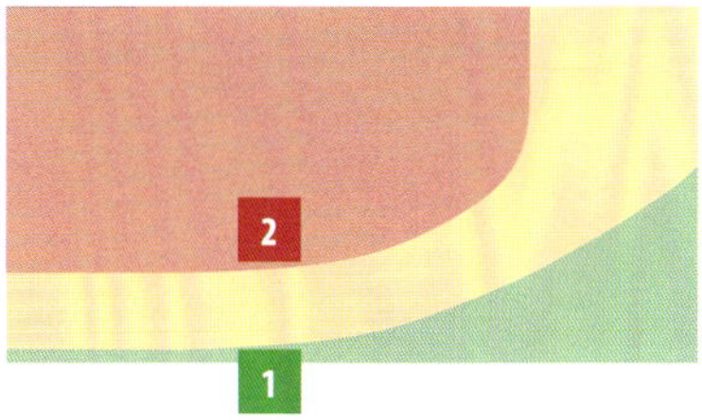

2 **Mangelbeseitigung (nicht zu akzeptierende Abweichung)**

Abb. 5.57: Holzsockelleiste mit ca. 1 mm breit aufklaffendem Gehrungsstoß einer Außenecke

Abb. 5.58: Holzsockelleiste mit ca. 1 mm Höhenversatz an der Oberseite

In einem Wohnraum ist die Holzsockelleiste eines Parkettbelages an einer Außenecke mit einem ca. 1 mm weit aufklaffenden Gehrungsstoß ausgeführt (siehe Abb. 5.57). In einem anderen Fall sind die Holzsockelleisten an einer Außenecke nicht höhengleich gestoßen; der vertikale Versatz am Gehrungsstoß beträgt hier ca. 1 mm (siehe Abb. 5.58).

Die vorgenannten Abweichungen sind aus gebrauchsüblichem Betrachtungsabstand eine sichtbare optische Beeinträchtigung. Die Bodenflächen sind als wichtig für das optische Erscheinungsbild des Wohnbereiches einzustufen.

Die Abweichungen an den Gehrungsstößen sind nicht zu akzeptieren.

Hinweis: Die hier gezeigten Abweichungen an den Gehrungsstößen lassen sich bei üblicher handwerklicher Sorgfalt vermeiden.

5.16 Parkettversiegelung mit Einschluss oder Fehlstelle

1 Bagatelle (zu akzeptierende Abweichung)

In einem Wohnraum ist ein Belag aus Mosaikparkettlamellen verlegt. Die Oberfläche wurde nach dem Einbau der Parkettstäbe versiegelt. Die Versiegelung weist einen Einschluss (augenscheinlich aus Versiegelungsmaterial) mit einer Größe von ca. 4 cm × 6 cm auf. Die Unregelmäßigkeit ist nur bei speziellen Lichtverhältnissen zu erkennen, insbesondere im Streiflicht (siehe Abb. 5.59 und Abb. 5.60).

Der Einschluss in der Versiegelung ist als optische Beeinträchtigung kaum bzw. nur unter bestimmten Lichtverhältnissen erkennbar. Der Parkettboden ist für das optische Erscheinungsbild des Wohnraumes wichtig.

Die Abweichung ist zu akzeptieren.

Abb. 5.59: Bei normalen Lichtverhältnissen ist die Unregelmäßigkeit in der Parkettversiegelung nicht zu erkennen.

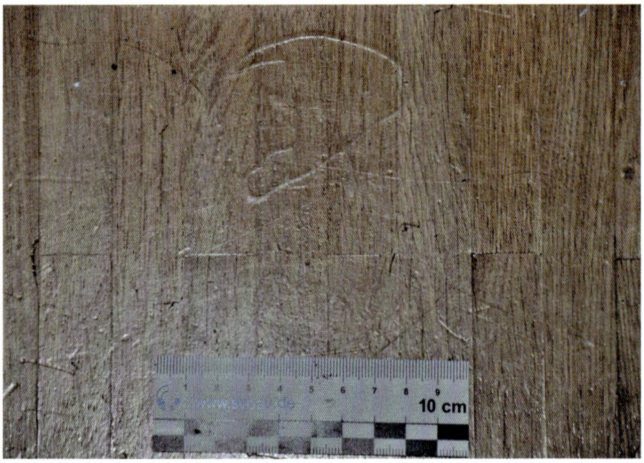

Abb. 5.60: Im Streiflicht ist der Einschluss in der Parkettversiegelung erkennbar.

Hinweis: Der dargestellte Einschluss tritt im Gebrauchszustand bzw. unter gebrauchsüblichen Lichtverhältnissen nicht in Erscheinung.

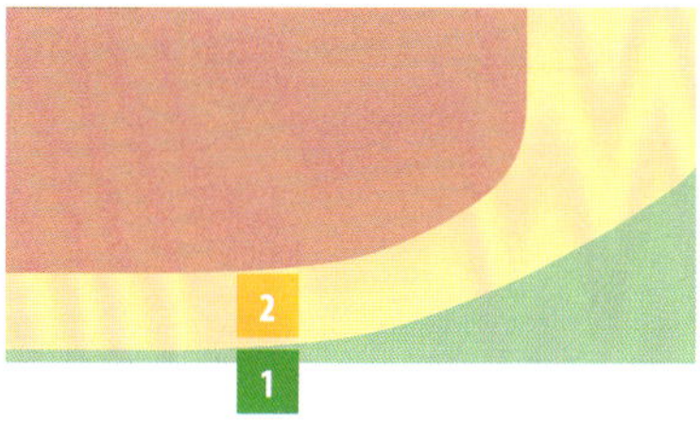

2 Mangelbeseitigung, eventuell Minderung (noch akzeptable Abweichung)

Abb. 5.61: Parkettversiegelung mit kraterförmigen Schmutzeinschlüssen

Abb. 5.62: Parkettstäbe mit Fehlstellen an den Ecken

Bei einem vergleichbaren Mosaikparkett weist die nach dem Verlegen und Abschleifen aufgebrachte Oberflächenversiegelung an mehreren Stellen Schmutzeinschlüsse in Form von kleineren bzw. punktuellen Erhebungen auf (siehe Abb. 5.61).

In einem weiteren Fall wurden bei der Verlegung 2 Parkettstäbe mit Fehlstellen an den Ecken der Oberfläche eingebaut. Die Größe der Fehlstellen beträgt ca. 8 mm × 8 mm bzw. 10 mm × 10 mm. Die Oberfläche ist im Bereich der Fehlstellen leicht vertieft (siehe Abb. 5.62).

Die Schmutzeinschlüsse bzw. Fehlstellen sind als in der Fläche kaum erkennbare optische Beeinträchtigung einzustufen (an der Grenze zu sichtbar). Der Parkettbelag ist für das optische Erscheinungsbild wichtig.

Die Abweichungen sind noch akzeptabel.

Hinweis: Die dargestellten Abweichungen können bei durchschnittlicher handwerklicher Sorgfalt in der Regel vermieden werden.

5.17 Bodenbeschichtung mit fleckiger Oberfläche

1 **Mangelbeseitigung, eventuell Minderung (noch akzeptable Abweichung)**

Der Balkon eines Wohnhauses wurde vollflächig mit einer grau gefärbten glatten Beschichtung ausgeführt.

Die Beschichtungsoberfläche weist in Abhängigkeit von der Betrachterposition eine kaum erkennbare Fleckenbildung auf (siehe Abb. 5.63 und 5.64). Die Abweichung ist über die gesamte Fläche des Balkonbodens gleichmäßig vorhanden.

Die Oberfläche eines Balkonbodens ist im Hinblick auf das optische Erscheinungsbild zu den wichtigen Bereichen eines Gebäudes zu zählen.

Die aus gebrauchsüblichem Betrachtungsabstand kaum erkennbare Fleckenbildung bewirkt eine geringfügige optische Beeinträchtigung und kann als noch akzeptable Abweichung bewertet werden.

Der Balkonboden wurde im vorliegenden Fall neu beschichtet, da noch weitere Mängel an der Beschichtungsoberfläche vorlagen (vgl. die folgende rechte Buchseite).

Abb. 5.63: Fleckige Oberfläche der Balkonbodenbeschichtung

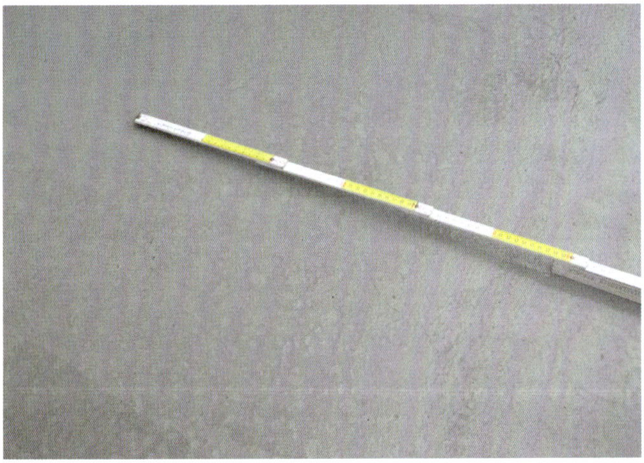

Abb. 5.64: Detailaufnahme der fleckigen Balkonbodenbeschichtung

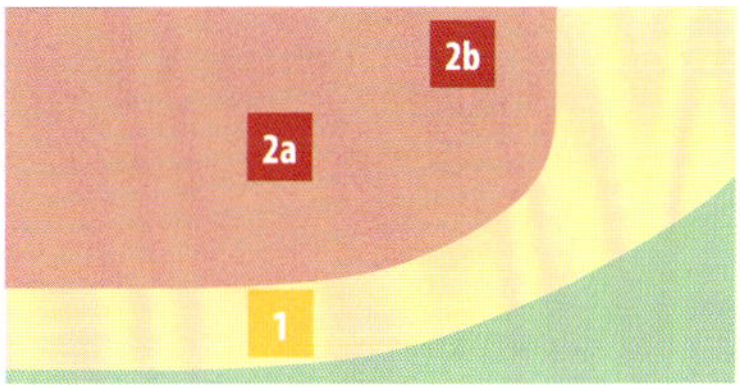

2 Mangelbeseitigung (nicht zu akzeptierende Abweichung)

Abb. 5.65: Vertiefungen in der Beschichtungsoberfläche mit Schmutzablagerungen

Abb. 5.66: Fußabdrücke in der Beschichtung eines Kellerflures

Abb. 5.65 zeigt Fehlstellen in der Beschichtungsoberfläche der Wasserablaufrinne an der Vorderseite des zuvor beschriebenen Balkons. Die Vertiefungen resultieren aus einer ungenügenden Oberflächenegalisation des Untergrundes vor Auftrag der Beschichtung.

In den Fehlstellen sammeln sich Schmutzpartikel, die sich als dunkle Flecke abzeichnen und dadurch das optische Erscheinungsbild gut sichtbar stören. Die Oberflächenbeschichtung des Balkonbodens ist für das Erscheinungsbild als wichtig einzuordnen (vgl. Position 2a in der Bewertungsgrafik).

In Abb. 5.66 ist die Bodenbeschichtung in einem Kellerflur zu sehen. Es wurde eine hellgraue Beschichtung mit schwarz-weißer Chipseinstreuung eingebaut. Auf der Bodenfläche zeichnen sich Schuhabdrücke auffällig ab. Die Abdrücke befinden sich in der Oberfläche der Beschichtung und lassen sich mit Reinigungsmittel nicht entfernen.

Die auffälligen Fußabdrücke beeinträchtigen das optische Erscheinungsbild der als eher unbedeutend einzustufenden Bodenfläche des Kellerflures (vgl. Position 2b in der Bewertungsgrafik).

Die Abweichungen resultieren in beiden Fällen aus Fehlern in der Bauausführung. Sie sind nicht zu akzeptieren und daher nachzubessern.

6 Bauteile aus Sichtbeton

6.1 Sichtbetonbauteile mit herstellungsbedingten Abweichungen

1 Bagatelle (zu akzeptierende Abweichung)

Bei der Errichtung der Werkhalle eines Industriebetriebs in Stahlbetonbauweise waren sämtliche Wand-, Stützen- und Deckenoberflächen als Sichtbeton herzustellen.

An den Stahlbetonoberflächen zeigen sich Abweichungen in Form eines Abzeichnens der Betonstahlmattenbewehrung (siehe Abb. 6.1). Weiterhin sind in einem Wandbereich leichte Farbunterschiede zwischen aufeinanderfolgenden Schüttlagen festzustellen (siehe Abb. 6.2)

Die beiden Abweichungen sind aus einer üblichen Betrachterposition in ihrer Störwirkung als kaum erkennbar einzustufen. Sie beeinträchtigten das optische Erscheinungsbild der Bauteile nicht wesentlich.

Da das Gewicht der durch die Abweichung betroffenen Bauteile für das optische Erscheinungsbild in beiden Fällen als eher unbedeutend einzuordnen ist, werden die Abweichungen noch als zu akzeptierende Bagatellen bewertet.

Abb. 6.1: Bauteiloberfläche mit sich abzeichnender Bewehrung

Abb. 6.2: Farbtonunterschiede zwischen Schüttlagen

Hinweis: Die hier dargestellten Abweichungen können gemäß dem vom Deutschen Beton- und Bautechnik-Verein (DBV) und dem Verein Deutscher Zementwerke (VDZ) herausgegebenen DBV-Merkblatt „Sichtbeton" (Fassung Juni 2015) nur eingeschränkt vermieden werden.

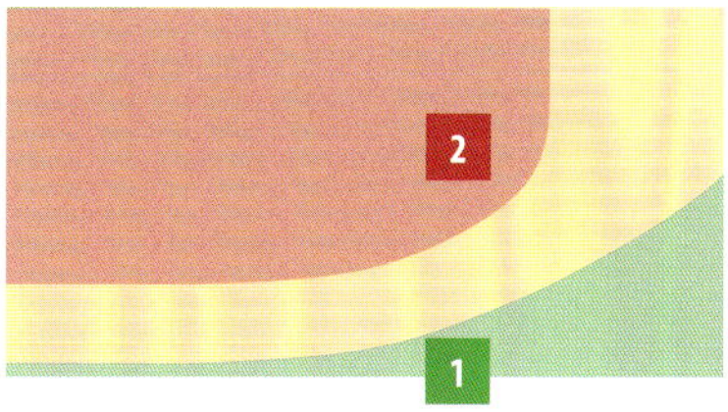

2 Mangelbeseitigung (nicht zu akzeptierende Abweichung)

Abb. 6.3: Sich deutlich abzeichnende Bewehrung

Abb. 6.4: Deutliche Farbdifferenzen in der Ansichtsfläche der Stütze

Abb. 6.3 zeigt eine Wandfläche mit deutlichen Abzeichnungen der Bewehrung. Derartige gut sichtbare Beeinträchtigungen des optischen Erscheinungsbildes sind bei Anwendung üblicher handwerklicher Sorgfalt zu vermeiden.

In Abb. 6.4 sind deutlich sichtbare Farbdifferenzen in der Ansichtsfläche einer Stütze dargestellt. Diese sind auf eine unsachgemäße Lagerung des Stahlbetonfertigteils zurückzuführen.

Der Grad der optischen Beeinträchtigung durch die Oberflächenabweichungen ist in beiden Fällen aus einer üblichen Betrachterposition als gut sichtbar zu bewerten. Auch wenn das Gewicht der betroffenen Bauteile für das optische Erscheinungsbild im Wesentlichen als eher unbedeutend zu bezeichnen ist, liegen dennoch nicht zu akzeptierende Abweichungen vor.

Hinweis: Die Beurteilung von Sichtbetonflächen kann auf Grundlage des DBV-Merkblatts „Sichtbeton" (Fassung Juni 2015) durchgeführt werden. In dem Merkblatt werden u. a. als Grenzen der Bauweise Merkmale von Sichtbeton aufgelistet, die technisch nicht oder nicht zielsicher herstellbar sind und deshalb nach der Art der Leistung nicht unbedingt erwartet werden können. Dies betrifft z. B. einen gleichmäßigen Farbton oder absolut porenfreie Sichtbetonflächen.

3 Mangelbeseitigung (nicht zu akzeptierende Abweichung)

Mit Beispiel 3 sollen auf dieser Doppelseite weitere Fälle zusammengestellt werden, die hinsichtlich der dargestellten optischen Mängel so wie die Fälle im vorangegangenen Beispiel 2 zu bewerten sind.

Die Abb. 6.5 und 6.6 zeigen Abweichungen, die auf eine unsachgemäße Lagerung zurückzuführen sind. Es handelt sich um Ablaufspuren an der Stützenoberfläche, die bei der horizontalen Lagerung des Bauteils entstanden sind (Abb. 6.5), sowie um Verfärbungen, die augenscheinlich im Bereich von Auflagerungen der Stütze vor deren Einbau entstanden sind (Abb. 6.6).

Weitere wesentliche Beeinträchtigungen des optischen Erscheinungsbildes zeigt Abb. 6.7 (vgl. auf der folgenden rechten Buchseite) in Form von braunen Ablaufspuren (Rostfahnen), die auf Einflüsse während der Bauzeit zurückzuführen sind.

In Abb. 6.8 ist eine Verdichtungsfehlstelle dargestellt, d. h. ein Kiesnest in einer Wandfläche. Derartige schwere Verdichtungsmängel kön-

Abb. 6.5: Ablaufspuren an Stützenoberfläche

Abb. 6.6: Verfärbung infolge unsachgemäßer Lagerung

Hinweis: Im DBV-Merkblatt „Sichtbeton" (Fassung Juni 2015) wird eine Systematik angegeben, die bei der Erstellung von Leistungsbeschreibungen zugrunde gelegt werden kann. Demnach ist bereits in der Planungsphase festzulegen, welche optischen Eigenschaften die Sichtbetonfläche später besitzen soll. Weiterhin wird empfohlen, Erprobungen durchzuführen und die hierbei hergestellten Bauteile als Referenzflächen verbindlich zu vereinbaren.

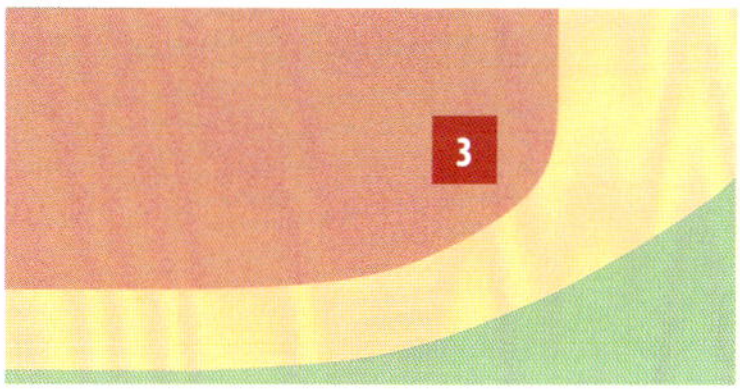

nen bei handwerklich sorgfältiger Arbeitsweise im Zuge der Herstellung vermieden werden.

Die in den Abb. 6.5 bis 6.8 dargestellten Abweichungen stellen optische Mängel dar, die zu beseitigen sind. Die Störwirkung durch die Abweichungen ist in allen 4 Fällen aus einer üblichen Betrachterposition als gut sichtbar zu bewerten. Sie sind trotz des eher unbedeutenden Gewichts der betroffenen Bauteile für das optische Erscheinungsbild als nicht zu akzeptierende Abweichungen zu bewerten.

Neben mechanischen und chemischen Reinigungsmaßnahmen zur Beseitigung von Verfärbungen durch unsachgemäße Lagerung kommen für die Mangelbeseitigung teilflächige Überarbeitungen durch Verfahren der sog. Betonkosmetik infrage. Hier stehen Möglichkeiten aus dem restauratorischen Bereich zur Verfügung. Voraussetzung für die Anwendung dieser Verfahren ist jedoch, dass eine ausreichende Dauerhaftigkeit des Bauteils besteht. Dies ist ggf. durch betoninstandsetzende Maßnahmen sicherzustellen.

Abb. 6.7: Braune Ablaufspuren (Rostfahnen)

Abb. 6.8: Verdichtungsfehlstelle (Kiesnest) in einer Wandfläche

Hinweis: Im DBV-Merkblatt „Sichtbeton" (Fassung Juni 2015) werden die Sichtbetonklassen SB1 (geringe Anforderungen) bis SB4 (besondere Anforderungen) definiert. Bei den Sichtbetonklassen SB3 und SB4 sind z. B. detaillierte Festlegungen bereits in der Planung erforderlich – bis hin zu einer Erstellung von Schalungsmusterplänen, einer zusätzlichen Schalungsvorbereitung durch den Unternehmer und ggf. einem Qualitätssicherungsplan.

6.2 Sichtbeton mit Farbabweichung bei einer Innentreppe

1 Bagatelle (zu akzeptierende Abweichung)

In einem hochwertigen Einfamilienhaus ist die Treppe zwischen Erdgeschoss und Obergeschoss in offener Bauweise – ausgehend vom Eingangsbereich des Gebäudes – angeordnet. Abb. 6.9 gibt einen Überblick.

Der Treppenlauf besteht aus einem Stahlbetonfertigteil, das mit grau gefärbtem Beton hergestellt wurde.

Mit Ausnahme der ersten beiden Stufen im Antrittsbereich weist die Betonoberfläche ein weitgehend gleichmäßiges Erscheinungsbild auf (siehe Abb. 6.10; vgl. auch die gesonderte Bewertung der ersten beiden Stufen auf der folgenden rechten Buchseite). Bereichsweise variiert der Farbton zwischen dem hellgrauen Grundton und etwas dunkler erscheinenden Bereichen.

Abb. 6.9: Das optische Erscheinungsbild der beiden Stufen im Antrittsbereich weicht deutlich ab.

Aus einer üblichen Betrachterposition ergibt sich – die ersten beiden Stufen ausgenommen – ein einheitliches und gleichmäßiges Erscheinungsbild. Das Gewicht der Geschosstreppe für das optische Erscheinungsbild ist als sehr wichtig einzustufen. Dennoch sind die Abweichungen im Farbton als Bagatelle zu bewerten und daher zu akzeptieren.

Hinweis: Auch Stahlbetonfertigteile, an die hohe Anforderungen hinsichtlich des optischen Erscheinungsbildes zu stellen sind, können nicht mit einem absolut gleichmäßigen und einheitlichen Farbton der Oberflächen hergestellt werden.

2 Mangelbeseitigung (nicht zu akzeptierende Abweichung)

Abb. 6.10: Geschosstreppe als Stahlbetonfertigteil in Sichtbetonausführung

Nicht zu akzeptieren ist das Erscheinungsbild der ersten beiden Stufen der zuvor beschriebenen Sichtbetontreppe (siehe Abb. 6.10). Bei den beiden Stufen des Treppenlaufs im Bereich des Antritts zeigen sich dunkel verfärbte Bereiche, die sich deutlich vom hellgrauen Grundton des Betons abzeichnen. Diese Farbunterschiede sind als schlieren- bis wolkenartig zu bezeichnen.

Die Intensität der Farbunterschiede ist deutlich stärker ausgeprägt als bei den übrigen Treppenstufen und gut sichtbar.

Weiterhin sind große Bereiche der Trittstufenflächen betroffen. Das optische Erscheinungsbild weicht somit deutlich von den übrigen Stufen ab. Der Grad der optischen Beeinträchtigung ist als gut sichtbar zu bewerten. Als Ursache der Verfärbungen kommen Einflüsse bei der Herstellung oder eine nachträgliche Verunreinigung infrage.

Die Abweichung ist nicht zu akzeptieren, sie liegt aufgrund der maßgeblichen Parameter außerhalb der Zone, in der eine Minderung eventuell möglich wäre.

Das bedeutet, dass der optische Mangel beseitigt werden muss. Die Mangelbeseitigung kann im vorliegenden Fall nur durch eine Neuherstellung des Treppenlaufs erreicht werden, da eine Überarbeitung von Sichtbetonflächen im mechanisch beanspruchten Bereich nicht ausgeführt werden kann, ohne dass optische Beeinträchtigungen verbleiben.

6.3 Sichtbeton mit Farb- und Strukturabweichungen bei einer Außentreppe

1 Mangelbeseitigung (nicht zu akzeptierende Abweichung)

Der Treppenlauf einer Außentreppe zwischen der Tiefgaragenzufahrt und dem Garten einer Eigentumswohnanlage ist aus einem Sichtbetonfertigteil hergestellt. Der Treppenlauf besitzt 12 Steigungen.

Auf der dritten und neunten Stufe von unten befinden sich jeweils 2 kreisrunde Ankerlöcher, die nach dem Einbau des Treppenlaufs mit einem Zementmörtel verschlossen wurden. Diese Stellen heben sich deutlich von der glatten und hellgrauen Oberfläche des Sichtbetonfertigteils ab, denn sie sind deutlich dunkler und weisen eine grobe Oberflächenstruktur auf (siehe Abb. 6.11).

Die vermörtelten Montageankerlöcher bewirken durch ihre auffällige Farbabweichung eine wesentliche, nicht mehr zu akzeptierende Beeinträchtigung des wichtigen optischen Erscheinungsbildes der Sichtbetontreppe.

Abb. 6.11: Sichtbetontreppenlauf mit vermörtelten Montagelöchern auf der dritten Stufe

2 **Mangelbeseitigung, eventuell Minderung (noch akzeptable Abweichung)**

Abb. 6.12: Blick von der Laderampe auf die Sichtbetontreppe

Vor der Laderampe eines Verbrauchermarktes befindet sich eine Sichtbetontreppe, die aus 7 Fertigteilstufen besteht.

Die Montageankerlöcher in den Betonstufen sind nach dem Einbau mit einem Zementmörtel verschlossen worden. Auf der ersten, zweiten und sechsten Treppenstufe sind dabei Farb- und Strukturabweichungen von der übrigen Betonfläche entstanden (siehe Abb. 6.12). Der Grad der optischen Beeinträchtigung kann als gut sichtbar eingestuft werden.

Die Bedeutung des optischen Erscheinungsbildes kann als unwichtig eingeordnet werden, da die betroffene Außentreppe nicht im allgemein zugänglichen Kundenbereich liegt, sondern nur von den mit der Anlieferung beschäftigten Personen begangen wird.

Aus diesem Grund ist die Abweichung noch akzeptabel. Damit besteht die Option, die Nachbesserung durch eine Minderung zu ersetzen.

Hinweis: Montageankerlöcher in Treppenläufen, die als Sichtbetonfertigteil ausgeführt werden, müssen mit einem für die Verwendung geeigneten, an den Farbton und die Oberflächenstruktur des Sichtbetonfertigteils angepassten Instandsetzungsmörtel verschlossen werden. Geringfügige Abweichungen von Farbe und Struktur sind zu akzeptieren.

6.4 Sichtbeton mit Farbtondifferenzen

1 Bagatelle (zu akzeptierende Abweichung)

Die Treppenhäuser einer Wohnanlage wurden in Sichtbetonbauweise erstellt. Die Wandflächen sind glatt geschalt mit geordnetem Schalungsbild einschließlich der Ankerlöcher. Die Betonflächen werden nicht weiter farbig behandelt.

Die einzelnen Wandflächen bestehen aus mehreren Schalungselementen. Die einzelnen Schalflächen einer Wandfläche weisen Farbtondifferenzen innerhalb der Fläche eines Schalelementes oder auch im Vergleich benachbarter Schalelemente miteinander auf (siehe Abb. 6.13). Charakteristisch sind auch kleinere Teilflächen mit wolkigen Hell-dunkel-Abzeichnungen (siehe Abb. 6.14).

Die einzelnen Abweichungen im Farbton ergeben über die Gesamtheit mehrerer Schalelemente einer Wand ein im Wesentlichen einheitliches Erscheinungsbild mit begrenzten Farbtondifferenzen. Der Grad der optischen Beeinträchtigung hierdurch ist als kaum erkennbar einzuordnen.

Das Gewicht des optischen Erscheinungsbildes der als Sichtbeton gestalteten Treppenhauswände ist als sehr wichtig einzustufen.

Die Farbtondifferenzen sind insgesamt als Bagatelle und zu akzeptierende Abweichung zu bewerten.

Abb. 6.13: Sichtbeton in der vereinbarten Oberflächenqualität

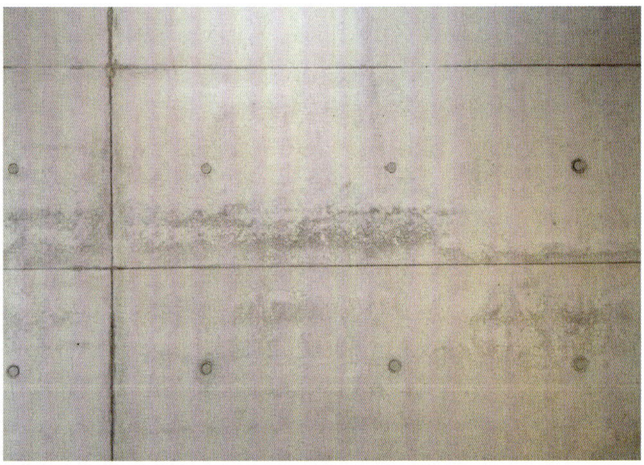

Abb. 6.14: Sichtbeton mit kleinflächigen Farbtondifferenzen

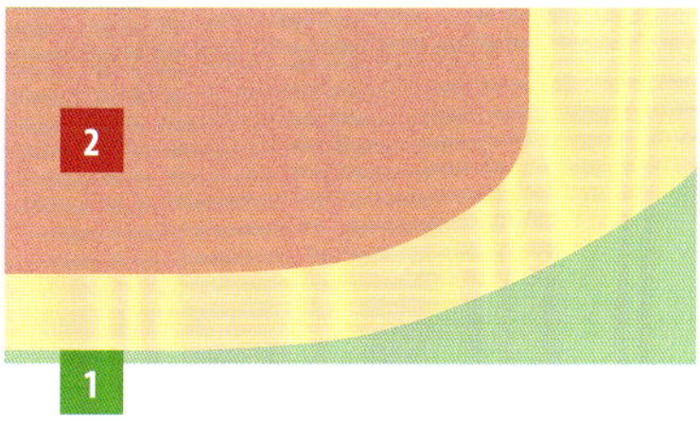

2 Mangelbeseitigung (nicht zu akzeptierende Abweichung)

Abb. 6.15: Sichtbeton mit großflächigen Farbtondifferenzen

Abb. 6.16: Sichtbeton mit ausgeprägten Farbtondifferenzen

Bei den zuvor beschriebenen Treppenhäusern weisen die glatt geschalten Wandflächen in einzelnen Arbeits- bzw. Betonierabschnitten eine ausgeprägte Hell-dunkel-Musterung größerer Teilflächen auf. Das Gesamterscheinungsbild wird durch die stärker ausgeprägte Musterung wesentlich beeinflusst. Abweichungen sind nicht mehr kleinflächig innerhalb eines insgesamt helleren und gleichmäßiger erscheinenden Grundfarbtons, sondern fallen als abweichender, dunkler Grundfarbton auf (siehe Abb. 6.15 und 6.16).

Der Wechsel innerhalb eines Treppenhauses zwischen Wandflächen mit großflächig hellerem bzw. dunklerem Grundfarbton stellt eine sichtbare optische Beeinträchtigung, für einzelne Teilflächen eine gut sichtbare optische Beeinträchtigung dar.

Das Gewicht des optischen Erscheinungsbildes der als Sichtbeton gestalteten Treppenhauswände ist – wie im vorangehenden Beispiel ausgeführt – als sehr wichtig einzustufen.

Großflächige Farbtondifferenzen sind als nicht zu akzeptierende Abweichung zu bewerten.

Hinweis: Eine Beurteilung der Farbtongleichmäßigkeit muss im Einzelfall unter Berücksichtigung der von einem gebrauchsüblichen Standort aus einsehbaren Flächen im Vergleich miteinander erfolgen.

6.5 Sichtbeton mit unsauberen Schalungsstößen

1 Bagatelle (zu akzeptierende Abweichung)

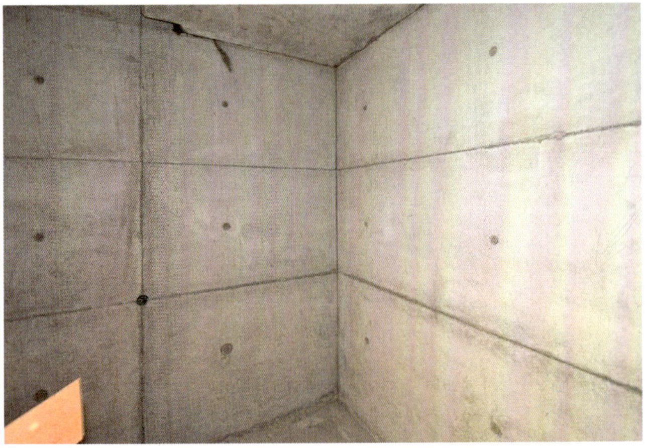

Abb. 6.17: Sichtbeton in der vereinbarten Oberflächenqualität

Abb. 6.18: Linienförmige Abzeichnung der Schalungsstöße in leicht wechselnder Intensität

In einer mehrgeschossigen Wohnanlage wurden die Treppenhäuser in Sichtbetonbauweise ausgeführt. Die Wandflächen waren glatt geschalt mit einer vorgegebenen Einteilung der Schalungsstöße und der Ankerlöcher herzustellen. Die fertig betonierten Flächen sollten als Betonfläche sichtbar bleiben ohne Farbanstrich.

Die Schalungsstöße wurden weitgehend höhengleich und mit geringen Graten bis ca. 2 mm Breite und ca. 2 mm Überstand hergestellt. Die Farbgebung der glatt geschalten Flächen ist überwiegend einheitlich mit einer Hell-dunkel-Musterung. Der Verlauf der Schalungsstöße zeichnet sich in der Gesamtfläche in einem etwas dunkleren Farbton überwiegend linienförmig und mit gering wechselnder Intensität ab. Flankierend zu den Schalungsstößen sind kleinere wolkige Verfärbungen aufgetreten (siehe Abb. 6.17 und 6.18).

Die Anordnung und Abzeichnung der Schalungsstöße ist ein prägendes Gestaltungsmerkmal der fertigen Betonflächen. Abweichungen in der Intensität einzelner linienförmiger Stoßabzeichnungen sind als Beeinträchtigung kaum erkennbar. Das Gewicht des optischen Erscheinungsbildes wird wesentlich durch die Schalungsstöße geprägt und ist als sehr wichtig einzuordnen.

Die Abweichungen der Schalungsstöße im Vergleich untereinander sind im Gesamterscheinungsbild als Bagatelle zu bewerten und zu akzeptieren.

2 Mangelbeseitigung (nicht zu akzeptierende Abweichung)

Abb. 6.19: Schalungsstoß mit Höhenversatz und ausgeprägtem Farbwechsel im Stoßverlauf des Sichtbetons

Abb. 6.20: Fehlstellenbehaftete Oberfläche im Verlauf eines Schalungsstoßes

Bei dem zuvor beschriebenen Gebäude fallen einzelne Schalungsstöße durch Höhenversätze bzw. durch ausgeprägte Farbwechsel mit wolkigem Erscheinungsbild im Stoßverlauf und auch durch Gefügefehlstellen an der glatt geschalten Wandflächen auf (siehe Abb. 6.19 und 6.20).

Diese Abweichungen gehen deutlich über die Schwankungsbreite der Ausführungsqualität vergleichbarer Details hinaus.

Das optische Erscheinungsbild des Sichtbetons ist geprägt durch eine beabsichtigte Gleichförmigkeit rasterartiger Schalungsstöße und Ankerlöcher und die Gleichartigkeit von Farbton und Muster der glatt geschalten Flächen innerhalb der Schalungsstöße. Der Grad der optischen Beeinträchtigung durch eine abweichende Stoßausbildung oder ein abweichendes Muster glatt geschalter Flächen ist als gut sichtbar einzustufen.

Das Gewicht des optischen Erscheinungsbildes ist als sehr wichtig einzuordnen, die Abweichungen sind nicht zu akzeptieren.

Hinweis: Die Beurteilung auffälliger Flächen mit Abweichung erfolgt im vorliegenden Fall im Vergleich zu nicht auffälligen Flächen innerhalb der gleichen Leistung des ausführenden Unternehmens unter Berücksichtigung der für die Ausführung gebotenen handwerklichen Sorgfalt.

6.6 Sichtbeton mit ungeordneten Schalungsstößen

1 Bagatelle (zu akzeptierende Abweichung)

Bei einem hochwertigen Einfamilienhaus wurden die Stahlbetonstützwände für den Zugang in das Untergeschoss innenseitig als Sichtbeton ausgeführt. Die Räume im Untergeschoss dienen zu Wohnzwecken.

Zur Ausführung des Sichtbetons wurden keine vertraglichen Vereinbarungen getroffen. Die im vorliegenden Fall ausschließlich gegenständlichen Schalungsstöße wurden mit einem regelmäßigen Schalungsbild ausgeführt. Über einer großformatigen Fläche im unteren Bereich sind in halber Breite kleinformatige Schalungen angeordnet (siehe Abb. 6.21). Hinsichtlich der Höhe dieser Platten wurde auf die Brüstungshöhe zum außenseitig anschließenden Gelände Bezug genommen.

Abb. 6.21: Sichtbetonwand mit geordnetem Schalungsbild

Das optische Erscheinungsbild des Bauteils ist als wichtig einzustufen, da die Bereiche auch über die Fenster im Erdgeschoss einsehbar sind. Das Schalungsbild ist, auch wenn keine einheitliche Anordnung der Stoßfugen der Schalelemente gewählt wurde, dennoch als noch geordnet zu bewerten. Damit ist die Störwirkung durch die optische Beeinträchtigung als kaum erkennbar einzustufen.

Es liegt daher eine zu akzeptierende Abweichung vor.

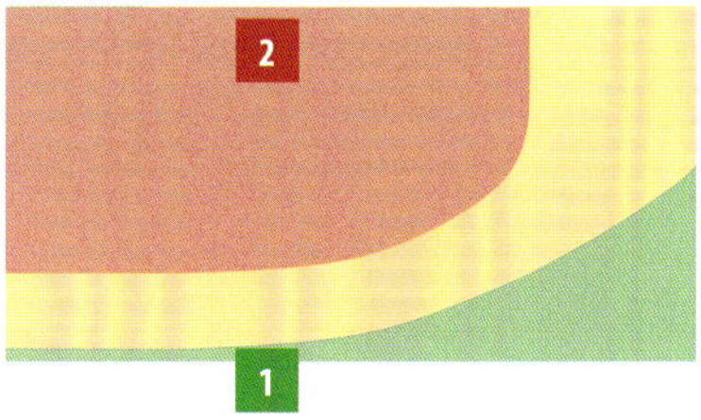

2 Mangelbeseitigung (nicht zu akzeptierende Abweichung)

Abb. 6.22: Unregelmäßiges und damit mangelhaftes Schalungsbild

Im Bereich der rechtwinklig an die zuvor beschriebene Längswand anschließenden Wand ist kein Konzept für das ausgeführte Schalungsbild erkennbar. Die einzelnen Schalelemente weisen unterschiedliche Breiten und Höhen auf. Die horizontalen Schalungsstöße sind nicht durchlaufend ausgeführt (siehe Abb. 6.22).

Die Abweichung ist aus einer üblichen Betrachterposition in ihrer Störwirkung als gut sichtbar bis auffällig einzustufen. Die Bedeutung des optischen Erscheinungsbildes ist auch hier als wichtig festzusetzen.

Es liegt daher ein nicht zu akzeptierender optischer Mangel vor. Zur Mangelbeseitigung können z. B. restauratorische Verfahren der Betonkosmetik eingesetzt werden.

Hinweis: Die Festlegung des Schalungsbildes stellt eine Aufgabe der Planung dar. Im DBV-Merkblatt „Sichtbeton" (Fassung Juni 2015) werden für die Sichtbetonklassen SB1 bis SB4 Vorgehensweisen zur Gliederung von Oberflächen empfohlen.

6.7 Sichtbeton mit Verdichtungsfehlern

1 Bagatelle (zu akzeptierende Abweichung)

Bei der Errichtung eines Einfamilienhauses wurde eine Brüstung aus Stahlbeton hergestellt.

Im oberen Bereich der Brüstung sind unterhalb der gefasten Längskante einer Fasenausbildung in Teilbereichen Einzelporen bzw. mehrere Einzelporen als moderate Porenanhäufung festzustellen (siehe Abb. 6.23 und 6.24).

Für Abb. 6.23 und 6.24 wurde eine Perspektive gewählt, die der üblichen Betrachterposition nahekommt. Der Grad der optischen Beeinträchtigung durch die Abweichungen ist aus dieser Position als kaum erkennbar zu bewerten. Das Gewicht des betroffenen Bauteils für das optische Erscheinungsbild ist als eher unbedeutend einzustufen.

Insgesamt liegen somit zu akzeptierende Abweichungen vor.

Abb. 6.23: Einzelporen im oberen Wandbereich

Abb. 6.24: Moderate Porenanhäufung

Hinweis: Auch wenn keine besonderen Vereinbarungen hinsichtlich der Sichtbetonqualität getroffen werden, sind an die sichtbar bleibenden Betonoberflächen Anforderungen mit Bezug auf das optische Erscheinungsbild eines mit üblicher Sorgfalt hergestellten Sichtbetons zu stellen.

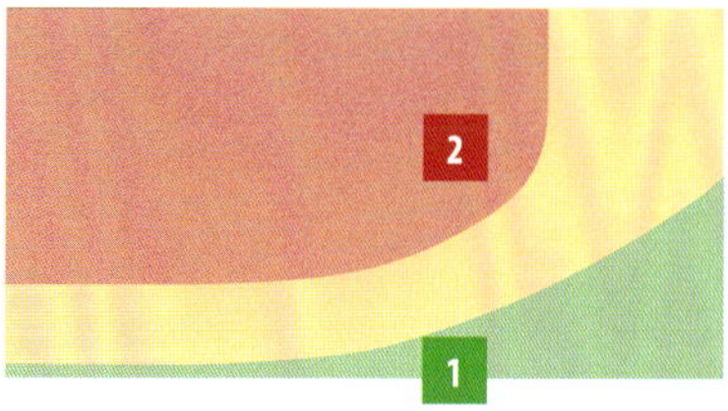

2 Mangelbeseitigung (nicht zu akzeptierende Abweichung)

Abb. 6.25: Kantenausbruch an Fase

Abb. 6.26: Starke Porenanhäufung und lunkriges Gefüge

An derselben Sichtbetonbrüstung zeigen sich unterhalb der gefasten Längskante Porenansammlungen, die bereits zu Kantenausbrüchen geführt haben (siehe Abb. 6.25). Des Weiteren sind Lunkerstellen vorhanden (siehe Abb. 6.26).

Auch wenn das Gewicht des Bauteils für das optische Erscheinungsbild eher unbedeutend ist, liegt eine nicht zu akzeptierende Abweichung vor, da der Grad der optischen Beeinträchtigung als gut sichtbar einzustufen ist.

Die Mangelbeseitigung kann z. B. in Form einer lokal begrenzten Reprofilierung der gefasten Kante mit einem hierfür geeigneten Mörtel durchgeführt werden.

Hinweis: Im DBV-Merkblatt „Sichtbeton" (Fassung Juni 2015) werden Porenanhäufungen im oberen Teil vertikaler Bauteile als nur eingeschränkt vermeidbar bezeichnet. Dies entspricht den oben vorgenommenen Bewertungen. Porenfreie Sichtbetonflächen können baupraktisch nicht hergestellt werden. Kantenausbrüche und ein lunkriges Gefüge können mit üblicher Sorgfalt bei der Herstellung jedoch vermieden werden.

6.8 Balkonuntersichten mit Verfärbungen

1 Bagatelle (zu akzeptierende Abweichung)

Bei der Neuerrichtung einer größeren Wohnanlage wurden die Balkone als Stahlbetonfertigteilelemente geplant und ausgeführt. Die Plattenunterseiten sind als Sichtbeton mit glatter Oberfläche konzipiert. Eine weitere Überarbeitung der Untersichten war nicht vorgesehen.

In Abb. 6.27 ist die Untersicht eines Balkons im ersten Obergeschoss beispielhaft dargestellt. Vom Gelände aus, vor der Fassade stehend, sind nur bei genauem Hinsehen dunklere Stellen festzustellen. Diese Erscheinungen resultieren aus Abdrücken der Unterleghölzer bei Transport und Lagerung der Stahlbetonfertigteile.

Abb. 6.27: Balkonuntersicht im ersten Obergeschoss mit nur bei genauem Hinsehen erkennbaren dunkleren Stellen

Von der Terrasse im Erdgeschoss aus sind die Abweichungen aufgrund des geänderten Blickwinkels und des geänderten Lichteinfalls nur bei genauem Hinsehen und Absuchen der Fläche erkennbar.

Das Gewicht des optischen Erscheinungsbildes der Balkonuntersicht ist als wichtig einzustufen. Die optischen Abweichungen sind geringfügig und beeinträchtigen das optische Erscheinungsbild der Fassaden nicht. Sie sind als Bagatellen zu akzeptieren.

Hinweis: Aus Transport und Lagerung von Stahlbetonfertigteilen resultierende Abzeichnungen sind in geringem Umfang nicht zu vermeiden. Sie können beispielsweise mit einer Farbbeschichtung beseitigt werden.

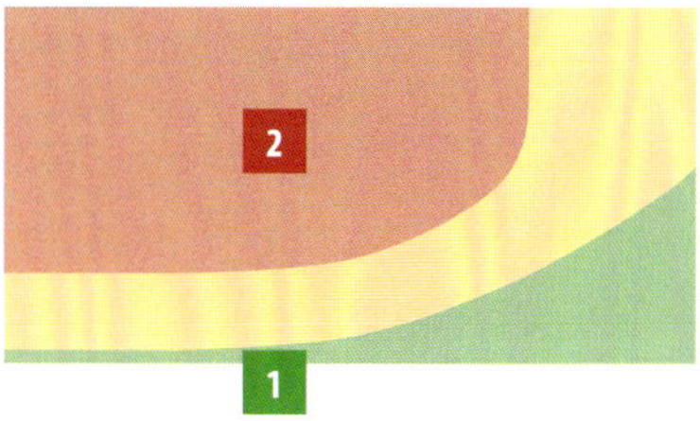

2 Mangelbeseitigung (nicht zu akzeptierende Abweichung)

Abb. 6.28: Gut sichtbare Verfärbungen an Balkonuntersichten

An anderen Balkonen der zuvor beschriebenen Wohnanlage sind gut sichtbare Verfärbungen an den Balkonuntersichten vorhanden.

In Abb. 6.28 ist eine Balkonuntersicht im zweiten Obergeschoss dargestellt. An der Untersicht zeichnen sich 2 streifenförmige Verfärbungen ab. Diese sind sowohl bei Betrachtung vom Gelände aus als auch bei Betrachtung vom Balkon des darunterliegenden Geschosses aus gut sichtbar.

Bei den Verfärbungen handelt es sich um typische Abzeichnungen von Unterleghölzern, die bei Transport und Lagerung der Fertigteile verwendet werden.

Das optische Erscheinungsbild der Fassaden ist als wichtig, die Störwirkung als Folge der Abzeichnungen als gut sichtbar einzustufen. Die Abweichungen sind nicht zu akzeptieren.

6.9 Stahlbetonstützen mit welliger Oberfläche

1 Bagatelle (zu akzeptierende Abweichung)

Bei einem Wohngebäude sind im Bereich einer gartenseitigen Fassade Balkone angeordnet. Zur Lastabtragung dienen Stahlbetonstützen, die als Fertigteile hergestellt wurden. Diese wurden farbig beschichtet.

Vom Gelände aus sind aus einer üblichen Betrachterposition an den Stützen deutliche Unterschiede hinsichtlich der Oberflächenstruktur zu erkennen.

Eine Stütze im Erdgeschoss zeigt beispielhaft an 3 Seiten eine glatt geschalte Oberfläche. An der vierten Seite, die augenscheinlich beim Betonieren bearbeitet wurde, sind geringfügige Unebenheiten und Strukturabweichungen in der Oberfläche zu erkennen (siehe Abb. 6.29). Es liegt jedoch ein gleichmäßiges Erscheinungsbild vor.

Das Erscheinungsbild ist als wichtig, der Grad der optischen Beeinträchtigung als kaum erkennbar einzustufen.

Derartige Abweichungen in Bezug auf die Oberflächenstruktur sind daher zu akzeptieren.

Abb. 6.29: Stahlbetonstütze mit strukturierter, aber gleichmäßiger Oberfläche

Hinweis: Fertigteilstützen werden im Werk liegend hergestellt. Dies bedingt, dass nur 3 Seiten in der Schalung betoniert werden und die vierte, d. h.die oben liegende Seite unmittelbar nach dem Einbringen und Verdichten des Betons zu bearbeiten ist. Das bei dieser Art der Herstellung erzielbare optische Erscheinungsbild ist wesentlich abhängig von der handwerklichen Sorgfalt bei der Produktion.

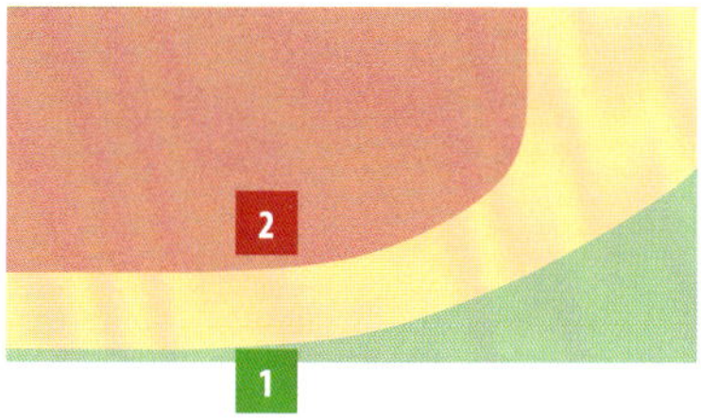

2 Mangelbeseitigung (nicht zu akzeptierende Abweichung)

Abb. 6.30: Wellige, horizontal strukturierte Oberfläche

Bei einer Stütze im ersten Obergeschoss des zuvor beschriebenen Wohngebäudes zeigt sich an der Außenseite eine wellige, horizontal strukturierte, ungleichmäßige Oberfläche (siehe Abb. 6.30).

Aus einer üblichen Betrachterposition, d. h. vom Gelände aus, sind die Unregelmäßigkeiten als sichtbar einzustufen.

Bei dem vorliegenden wichtigen Erscheinungsbild führt die sichtbare Störwirkung dazu, dass die Abweichung der Oberflächenstruktur nicht zu akzeptieren ist.

Hinweis: Im vorliegenden Fall zeigen die Stützen mit zu akzeptierenden Abweichungen deutlich, dass bei einer angemessenen handwerklichen Sorgfalt im Zuge der Herstellung ein gleichmäßiges optisches Erscheinungsbild mit hinreichend homogener Struktur erzeugt werden kann (Ist-Ist-Vergleich). Auch aus diesem Grund ist die vorhandene wellige Oberflächenstruktur als nicht zu akzeptieren zu bewerten.

7 Normen- und Literaturverzeichnis

Normen

DIN 18202:2019-07 Toleranzen im Hochbau – Bauwerke

DIN EN 942:2007-06 Holz in Tischlerarbeiten – Allgemeine Anforderungen; Deutsche Fassung EN 942:2007

DIN EN 1279-1:2018-10 Glas im Bauwesen – Mehrscheiben-Isolierglas – Teil 1: Allgemeines, Systembeschreibung, Austauschregeln, Toleranzen und visuelle Qualität; Deutsche Fassung EN 1279-1:2018

DIN EN 1342:2013-03 Pflastersteine aus Naturstein für Außenbereiche – Anforderungen und Prüfverfahren; Deutsche Fassung EN 1342:2012

DIN EN 1996-1-1/NA:2019-12 Nationaler Anhang – National festgelegte Parameter – Eurocode 6: Bemessung und Konstruktion von Mauerwerksbauten – Teil 1-1: Allgemeine Regeln für bewehrtes und unbewehrtes Mauerwerk

DIN EN 13488:2003-05 Holzfußböden – Mosaikparkettelemente; Deutsche Fassung EN 13488:2002

VOB/C ATV DIN 18318:2019-09 Pflasterdecken und Plattenbeläge, Einfassungen

Literatur und Rechtsvorschriften

Aurnhammer, H. E.: Verfahren zur Bestimmung von Wertminderungen bei (Bau-)Mängeln und (Bau-)Schäden. In: BauR 9 (1978), S. 356–367

BGB: Bürgerliches Gesetzbuch (BGB) in der Fassung der Bekanntmachung vom 02.01.2002 (Bundesgesetzblatt I, S. 42, 2909; 2003 I, S. 738), zuletzt geändert durch Artikel 1 des Gesetzes vom 10.08.2021 (Bundesgesetzblatt I, S. 3515)

DBV-Merkblatt. Sichtbeton. Fassung: Juni 2015. Berlin/Düsseldorf: Deutscher Beton- und Bautechnik-Verein E. V. (DBV) und Verein Deutscher Zementwerke e. V. (VDZ), 2015

Oswald, R.: Die Ermittlung von Minderwerten bei Baumängeln. Probleme und Lösungsvorschläge – die Grenzwertmethode. In: Oswald, R. (Hrsg.): Aachener Bausachverständigentage 2006. Außenwände: Moderne Bauweisen – Neue Bewertungsprobleme. Wiesbaden: Vieweg Verlag, 2006, S. 47–60

Oswald, R.; Abel, R.: Hinzunehmende Unregelmäßigkeiten bei Gebäuden. Typische Erscheinungsbilder – Beurteilungskriterien – Grenzwerte. 3. Aufl. Wiesbaden: Vieweg Verlag, 2005

Rapp, O.; Sudhoff, B.: Schäden an Holzfußböden. Stuttgart: Fraunhofer IRB Verlag, 2003 (Schadenfreies Bauen 29)

Richtlinie zur Beurteilung der visuellen Qualität von Glas für das Bauwesen. Stand: März 2019. Hadamar/Frankfurt a. M./Troisdorf: Bundesinnungsverband des Glaserhandwerks, VFF Verband Fenster + Fassade, Bundesverband Flachglas e. V., 2019

8 Stichwortverzeichnis

A

Abdrücken der Unterleghölzer bei Transport und Lagerung der Stahlbetonfertigteile 222
Ablaufspur 44, 45, 46, 47, 208
- am Balken 107
–, braune (Rostfahne) 208
Abmauerung einer Badewanne 180
Abplatzung an Fliesenkanten 182, 183
Abstandhalter 160
Abweichung 208
–, nicht zu akzeptierende 16
–, noch akzeptable 16
- von der idealen Form und Lage 19
Abweichungsarten 20
Abzeichnung
- der Bewehrung 207
- von Unterleghölzern 223
Aluminiumfensterbank 140
Anforderung an fertige Oberflächen 23
Anhäufung von gröberem Korn 49
Ankerloch 212
Anputzleiste 75
Anschluss
- eines Parkettbelages an Einbauteile 194
–, fugenloser 116
Anschlussbereich 70
Anschlussfuge 77, 78, 128
–, klaffende 196
–, mit elastischem Dichtstoff verfüllt 194
- von Parkettbelägen 195
Anschlusskehle 71
Antrittstufe 170
Armierungsspachtelung 54
Astausbruch 185
Asteinschluss 184
Ausbesserung 143
- mit Füllstoffen 184
Ausbesserungsstelle 67
Ausblühung 37
Ausbruchstelle 176
Ausdübelung 142, 143
Ausführungsstandard 12
Ausnehmung 136
Außenputz 53
- Anschluss 71
- Anschluss an die Traufbretter 72
- Anschluss an Sparren 76
- Strukturabweichungen 60
–, teilflächig nachgebesserter 61

B

Bagatelle 13, 16
Balkon 202
Balkonboden 202
Balkonbrüstung 86, 89
Bearbeitungsspur 54, 55
Bedeutung
- der Oberfläche für das optische Erscheinungsbild 12
- des Bereichs 13
- des Merkmals 14
Beeinträchtigung
- Grad 14
–, noch akzeptable optische 14
Begrenzung, geradlinige 117
Belage 154
Belagwechsel 190
Beleuchtungssituation 97
Beleuchtungsstärke 115
Belichtungssituation 11
Belichtungsverhältnisse 12
Beschädigung, mechanische 30
Beschichtung 202
Beschichtungsoberfläche 202, 203
Beton, gefärbter 210
Betoninstandsetzungsarbeiten 86, 88, 90, 92
Betonpflasterbelag 162, 163
Betonpflasterstein 162
Betonpflasterverbundstein 162
Betonstahlmattenbewehrung 206
Betonwerksteinplatte 158
Betrachterposition, übliche 11
Beurteilung eines optischen Mangels 11
Beurteilungsgrundlage, alternative 23
Beurteilungsmaßstab 23
Bewegungsfuge, nicht parallel zur Parkettverlegung 191
Bewertungsgrafik 19
Bewertungsmatrix, quantitative 14
Bezugsgröße 17
Binder aus Brettschichtholz 104
Blendrahmen 137
Blumentrog 92
Bodenanschluss der Türzarge 148
Bodenbelag 167, 173
- aus Feinsteinzeugfliesen 178
–, keramischer 181
- im Treppenhaus 171
Bodenschwelle 138, 141
Boden- und Treppenbelag 170
Brettschichtholzbauteil 105
Brettstoß 147

D

Dachschalung 100, 106
Dachterrasse 158
Dachtragwerk 43
Dachüberstand 41, 72
Deckenanschluss 129
Deckenanschlussfuge 128
Deckenelement 102
Deckenleuchte 127
Deckenunterseite 110
Dehnungsfuge 28
Delle 89
Dichtungsschlamm 80
Dielenelement 196
Drittelverband 122

E

Ebenheitsabweichung 20
Ebenheitstoleranz 64
Eck- und Kantenabplatzung 30
Einbohrband 132, 133
Einflussgrößen 22

Einschluss 166, 168
– in der Versiegelung 200
–, mehrerer hellgrauer 169
–, weißlich-hellgrauer 167
Einzelkratzer 151
Einzelpore 220
Entwässerungseinrichtung 159
Erscheinungsbild
–, fleckiges 126
– Gewicht 17
– Gewichtung 14
–, unwichtiges 16
–, zu erwartendes 23
Erwartungshaltung 11
Estrich 186

F

Fachregeln eines Handwerks 23
Farbabweichung 108, 168
Farbdifferenz 155, 175, 207
Farbton 163
– Abweichung 171
–, dunklerer 173
– und Oberflächenstruktur 170
–, unterschiedlicher 172
Farbtondifferenz 108, 110
Farbtonunterschied 162
Färbung, unterschiedliche 109
Farbunterschied 206
– Intensität 211
– vom Grundton des Betons 211
– in der Verfugung 26
Fasenausbildung 220
Fassadensockel 83
Fehlbohrung 132
Fehler
–, erfassbare systematische 21
–, grobe 21
–, nicht erfassbare systematische 21
–, zufällige 21
Fehlerarten 21
Fehlereinflüsse 21
Fehlstelle 119, 201, 203
– an den Kanten 98
– im Oberputz 50
Feinmörtel 92
Feinspachtel 86, 88, 92
Feinsteinzeug 190
Feinsteinzeugfliese 178
Feinstruktur 66
Fensterbank 47, 140
–, beschichtete 140
Fensterbelichtung 178
Fertigparkettelement 186
Fertigteiltreppenlauf 116
Flankenausbildung 194
Fleck, rostfarbener 138
Fleckenbildung 202
Fliesen
– mechanische Beschädigungen 180
–, nicht parallele 124
Fliesenbild 121
Flieseneinteilung 121
Fluchtabweichung 20
Flur des Treppenhauses 175
Fugen
–, durch Dichtstoff geschlossene und in der Breite differierende 192, 193
–, keilförmige 149, 157
–, mit Dichtstoff verschlosse 116
–, offene zwischen Sockelleiste und Fußboden 197
Fugenbild, Unregelmäßigkeit 29
Fugenbildung, durch Unebenheiten in der Oberfläche des Bodenbelages 196
Fugenbreite 128, 156, 158, 188
–, klaffende 186
–, differierende 158, 159, 160
–, unterschiedliche 161
Fugendichtmasse 68
Fugenglattstrich 26
Fugenkreuz 158
Fugenmasse 176
Füllstabgeländer 124
Furnier, Riss 133
Fußabdruck 203
Fußpfette 42

G

Gefügefehlstelle 217
Gehrung 144
Gehrungsstoß 144
–, aufklaffender 199
–, offener 145, 198
Geländer 136
Genauigkeitsanforderungen 19
Gericht 14
Gerüstankerloch 68
Gerüstankerverschluss 69
Gerüstlage 56
gewerkeüblich 23
Gipskarton, vollflächig gespachtelter 126
Gipskarton-Lochplatte 127
Gipskarton-Lochplattendecke
–, unsauber gespachtelte 127
Glasfläche, mit geschwungenen Einzelkratzern 151
Glashalteleiste 134, 135
– Schrauben an Oberfläche 134
Glattputz 112, 113
Glattstrich 98
Grad der optischen Beeinträchtigung 12, 14
Granit 166, 167, 169, 170, 171, 172, 175, 177
–, grobkörniger 168
Granitbelag 155
Granitplatte
– differierend in Farbton und Struktur 174
–, kleinformatige 174
Gratsparren 43
Grenzwerte 20
Grundfarbton 32, 215

H

Haarkratzer auf Scheibe 150
Handformziegel 26, 36
handwerkliche Leistung 12, 23
Handwerkskunst 23
Hebeschiebetüre 142
Hell-dunkel-Abzeichnung 214
Hell-dunkel-Musterung 215
Herstellungskosten 18
hinnehmbar 14
höhengleich 199
Höhenversatz 122, 123, 179
– benachbarter Steine 96, 97
– Überzahn 178
Holz-Aluminium-Fenster 134
Holzbalkendecke 100
Holzkonstruktion 43
Holzleiste, auf Gehrung geschnittene 144
Holz mit Längsriss 43
Holzsockelleiste 198
Holzstruktur 40
Holztafelbauweise 102

I

Instandsetzungsstelle, Ansätze 83
Interesse, berechtigtes 13
Isolierverglasung 150

K

Kalkgipsputz 115
Kalkputz 114
Kalksandstein, kleinformatiger 98
Kante 90, 91
–, gewölbte 123
Kantenabplatzung 30
Kantenausbildung 91
Kantenausbruch 176, 177

Kantenbeschädigung 180, 181
Kantenschalung 91
Kantenverlauf 90
Kassetten 84
- Verwölbungen 85
Kellenstrichtechnik 48
Kellerflur 203
Kellerraum 109, 111, 114
Kellertreppe 46
Keramikriemchen 38
- mit Versätzen 39
Kiesnest 208
Klassifizierung optischer Mängel 16
Klinker 28, 30, 31
- mit dunklerem Farbton 34
Klinkerfassade 35
Klinkermauerwerk 34
Klinkersichtmauerwerk 27
Kratzer 140, 151
Kratzputz 64
Kratzspur 141
Kreuzfuge 158, 161, 174
Kreuzverband 121
Kunststoffbelag 196
Kunststoffstopfen 69
Kupferblech 47

L

Längen-Maßabweichung 20
Lagerung 208
Laibung 147
Längsfuge, klaffende 187
Längskante 220
Lasur, dünnschichtige 40
Läuferverband, wilder 120
Leichtbauwand 128
Linoleumbelag 198
Lochblech 84
Lunkerstelle 221

M

Mangelbeseitigung 14
Mangeldefinition 13
Mangel, optischer 14
- Klassifizierung 16
Markröhre, gefüllte 185
Marmorierung 176
Maserung 184
Maßabweichungen 21
Material, gewachsenes 166
Materialeinschluss 154, 155
Materialüberstand 90, 93
Mauerverband 28
Mauerwerk
- aus Kalksandsteinen 96
-, sichtbar belassenes 97
Mehrschicht-Leichtbauplatte 108, 109, 110
Metallbekleidung 84
Minderung 14
Minderwert 14, 16
- Ermittlung 17
Mittelpunktswölbung 122
Montageankerloch 213
Mosaikparkett 187, 190, 201
Mosaikparkettlamelle 188, 200

N

Nachbesserungsstelle 61
Natursteinpflasterbelag 156
Naturwerksteinbelag 176
Nennfugenbreite 160
Nennmaßen der Größe, Gestalt und Lage 19
Neuverlegung 163
Nutzwertanalyse 14

O

Oberfläche
-, gespachtelte 116
-, gespachtelte und beschichtete 88
-, nachträglich hergestellte 63
-, raue 112
- unzureichende Glättung 113
-, weiß glasierte, Abplatzung 118
-, wellige, horizontal strukturierte, ungleichmäßige 225
Oberflächenbehandlung 189
Oberflächenbeschichtung, Kratzer 140
Oberflächenegalisation 203
Oberflächenspachtelung 87, 91
Oberflächenstruktur 224
Oberflächenversiegelung mit Schmutzeinschlüssen 201
Oberputz, Fehlstellen 50
Oberputzschicht, strukturgebende 51
Ortsbesichtigung 14

P

Parkettbelag 197, 199
- Fehlstellen 185
Parkettdiele 184
Parkettlamelle 188
- stirnseitige Abschlüsse 192
Parkettstab
- versiegelt, mit Einschluss 200
Pflastersteine 156
- in Bogenform verlegt 156
Plattenfuge 158
Podestbelag 170
Porenanhäufung 220
Porenansammlung 221
Putzanschluss 67, 70
- an den Blendrahmen 75
- an die Stellbretter 73
Putzoberfläche 48
- Bearbeitungsspuren 114
- Beschädigung 62
- Unebenheiten 64
Putzreste 41
Putzspritzer 40
Putzstruktur 61
-, abweichende 51
- Angleichung 67
Putzunebenheit 64

Q

Qualität einer Oberfläche 12
Qualitätsstandard 23

R

Reibeputz 49, 50
Reinigungsmaßnahme, mechanische und chemische 209
Relief 48
Reprofilierung 221
restauratorischer Bereich 209
Rissbildung 71, 133
Risse 70, 73
- bereits bei der Herstellung der Dielen ausgebesserte 184
- in der Beschichtung 135
Rohrleitung 78
Rollladenführungsschiene 74
Rollschicht 31
Rostfleck 138, 139

S

Sachmangel 13
Sachverständigenpraxis 14
Sachverständiger 14
Schalelement 219
Schalung, kleinformatige 218
Schalungsbild
-, geordnetes 214
- kein Konzept erkennbar 219
Schalungsstoß
- Einteilung 216
- mit einem regelmäßigen Schalungsbild 218
- weitgehend höhengleich 216
Schattenfuge 128, 129
Schmutzeinschluss 201

Schnittkante, ausgebrochene 181
Schraube 135
Schüttlage 206
Schwellenprofil 138, 141
Schwindriss 42
Sichtbeton 206, 218
Sichtbetonbauweise 214
Sichtbetonbrüstung 221
Sichtbetonfertigteil 212
Sichtbetontreppe 211, 213
Sichtholz 76
Sichtholzkonstruktion 105, 107
Sichtholzschalung 100
Sichtholzsparren 41
Sichtmauerwerk 29
Sichtmauerwerksfläche 99
Sockelfläche 66
Sockelleiste 196
Sockelputz 52, 80
Sockelputzabdichtung 82
Sorgfalt, übliche handwerkliche 23
Spachtelarbeit 90, 93
Spachtelmasse 93
Spachtelschlag 93
Sparren 40
Spritzer des Außenputzes 40
Stahlbetonfertigteil 210
Stahlbetonstützwand 218
Standardleistung 22
Stoßfuge
–, breite 189
–, zur Mitte hin auf ca. 1 mm Breite geöffnete 146
Stoßverlauf 217
Streiflicht 46, 64, 200
–, direktes 96
– sichtbare Ebenheitsabweichungen 65
Streiflichteinfall 64
Strukturabweichung 62
– im Oberputz 57
Strukturgrenze 56
Struktur- und Ebenheitsabweichungen innerhalb der glatt verriebenen Putzoberfläche 58
Strukturunterschied 49, 50, 60, 126
– im Oberputz 59
Stütze 207

T

Tageslicht, diffuses 86, 87, 89
Tiefgarage 108, 110
Toleranzen 19
Toleranznorm 22
Tolerierung von Passungen 19
Trennfuge 79
Trennstreifen 74, 76, 77
Treppe 210
Treppenauge 116
Treppenhausflur 172
Treppenlauf 117, 210
Trittstufe 170
Trittstufenplatte 166
Trocknungsrand 100, 102, 105
Tropfkantenüberstand 47
T-Stöße 122
Türband 132
Türblatt 132
Türdurchgang 191
Türe 148
Türlaibung 112
– Putzoberflächen 112
Türzarge 192

U

üblicher handwerklicher Sorgfalt 23
Unebenheit 52, 64, 86
– an der Oberfläche 66
– in der Putzfläche 52
– in der Putzoberfläche 64
Ungenauigkeit 19
Unregelmäßigkeit
–, hinnehmbare 16
–, optische 12
Unterdecke aus Gipskarton-Lochplatten 127
Untersichtschalung 40
Unverhältnismäßigkeit der Mangelbeseitigung 14
unverhältnismäßig zum erzielbaren Erfolg 14

V

Verband
–, ungeordneter 172
–, wilder 28
Verblender 33
Verblendfassade 36
Verblendmauerwerk 26, 28, 30, 32
Verdichtungsfehlstelle 208
Vereinbarung, vertragliche 13
Verfärbung 100, 103, 111, 211
–, bräunliche 101
– des Holzes 104
– im Bereich von Auflagerungen 208
–, rostfarbene 154
Verkehrsfläche 162
Verlegung, palettenweise 163
Versiegelungsmaterial 200
Verwölbung 85
Vordach 44
Vormauerziegel 32

W

Wahrscheinlichkeitsrechnung 21
Wandanschluss 171
Wanddurchführung 78
Wandfliese, zu groß ausgeschnitte 119
Wandfliesenbekleidung 118
Wandkehle 120
Wandoberfläche, glatt gespachtelte 126
Wannenkörper 180
Wasserablaufspur 44
–, abgetrocknete 104, 106, 107
Winkelabweichung 20, 124, 125, 190, 191
Wohnungsbad 178
Wohnungseingangstür 132
Wölbung
– einer Platte 122
–, kugelförmige 115

Z

Zarge 146
Ziegelverblendmauerwerk 37
Zielbaummethode 18
Zufallsgröße 21
Zumutbarkeit 14
Zureiben des Oberputzes 56
Zuschnitt, keilförmiger 190
Zwischenpodest 174